中华人民共和国工程建设地方标准

贴膜中空玻璃应用技术规程

Technical code for insulating film-mounted glass

DBJ 52/T 094-2019

批准部门：贵州省住房和城乡建设厅
施行日期：2019年09月01日

中国建筑工业出版社
2019 年　北京

中华人民共和国工程建设地方标准

贴膜中空玻璃应用技术规程

Technical code for insulating film-mounted glass

DBJ 52/T 094-2019

*

中国建筑工业出版社出版、发行（北京海淀三里河路9号）

各地新华书店、建筑书店经销

霸州市顺浩图文科技发展有限公司制版

北京建筑工业印刷厂印刷

*

开本：850×1168毫米　1/32　印张：3　字数：77千字

2019年10月第一版　　2019年10月第一次印刷

定价：**35.00**元

统一书号：15112·34379

版权所有　翻印必究

如有印装质量问题，可寄本社退换

（邮政编码100037）

本社网址：http://www.cabp.com.cn

网上书店：http://www.china-building.com.cn

关于发布贵州省工程建设地方标准
《贴膜中空玻璃应用技术规程》的通知

黔建科字〔2019〕312 号

各市（州）住房和城乡建设局，贵安新区规划建设局，各有关单位：

由贵州省建筑设计研究院有限责任公司、贵州省建筑材料科学研究设计院有限责任公司、贵州天行正达节能科技发展有限责任公司主编的《贴膜中空玻璃应用技术规程》标准已编制完成，在通过我厅组织的专家审查并经公示无异后，现予发布。《贴膜中空玻璃应用技术规程》编号为 DBJ 52/T 094-2019，自 2019 年 9 月 1 日起实施。

贵州省住房和城乡建设厅

2019 年 8 月 14 日

前 言

根据贵州省住房和城乡建设厅《关于下达工程建设地方标准〈贴膜中空玻璃应用技术规程〉》（黔建科字［2018］583 号）的要求，编制组经认真总结实践经验，参考有关标准，并在广泛征求意见的基础上，制定《贴膜中空玻璃应用技术规程》（以下简称《规程》）。

本规程的主要技术内容是：1. 总则；2. 术语；3. 基本规定；4. 材料；5. 分类及选择；6. 抗风压设计；7. 防热炸裂设计与措施；8. 防人体冲击规定；9. 安装；10. 验收。

本规程由贵州省住房和城乡建设厅负责管理，由贵州省建筑设计研究院有限责任公司负责具体技术内容的解释。执行过程中如有意见或建议，请寄贵州省建筑设计研究院有限责任公司技术发展部，地址：贵州省贵阳市观山湖区林城西路 28 号，邮编：550081。

本规程主编单位：贵州省建筑设计研究院有限责任公司
贵州省建筑材料科学研究设计院有限责任公司
贵州天行正达节能科技发展有限责任公司
贵州省标准化院

本规程参编单位：贵州省城乡规划设计研究院
贵阳市建筑设计院有限公司
贵阳铝镁设计研究院有限公司
贵州中建建筑科研设计院有限公司
贵阳建筑勘察设计有限公司
贵州同盛建筑设计有限公司
贵州新基石建筑设计有限责任公司

贵阳市城乡规划设计研究院
中国建材检验认证集团贵州有限公司
贵州省建材产品质量监督检验院
贵州壹名门窗科技有限公司
贵州大行节能咨询服务有限公司
贵州华森科技实业有限公司
贵阳华森建材有限公司
贵州坤和居建筑科技有限公司
贵州协成装饰工程有限公司
贵州智汇绿色建筑工程有限公司
上海彩煜节能材料有限公司
六盘水鑫瑞达钢化玻璃有限公司
贵州金通安全玻璃有限公司
贵州天幕玻璃技术有限公司

本规程主要起草人员：张　晋　王尧燕　贺　勇　孙元飞
　　　　　　　　　　　周　民　黄　河　郭振黔　申屠文巍
本规程参加起草人员：于　虹　万　军　王　强　田瑞祥
（以姓氏笔画为序）　包棕桐　冯晓伟　吕刊宇　朱兴雄
　　　　　　　　　　　朱志强　苏列刚　杜　松　李　莉
　　　　　　　　　　　李良懿　李荣森　李荣辉　杨　军
　　　　　　　　　　　杨秀云　杨智强　吴学华　何柱品
　　　　　　　　　　　余正璐　张乃从　张素连　张德才
　　　　　　　　　　　张遵嶺　陈建忠　郑凤财　胡小菊
　　　　　　　　　　　胡俊辉　彭建军　彭能华　蒋　韬
本规程主要审查人员：王　媛　王建国　任廷坚　张代剑
（以姓氏笔画为序）　周　可　夏莉娜　郭登林　黄巧玲
　　　　　　　　　　　董　云　董德侃　谢理林　赫　耘

目　　次

Contents

1 总　则

1.0.1　为规范贴膜中空玻璃在建筑工程中的应用，做到安全可靠、经济合理、实用美观，制定本规程。

1.0.2　本规程适用于贵州省范围内建筑门窗与幕墙用贴膜中空玻璃的设计、安装及验收。

1.0.3　采用贴膜中空玻璃的建筑门窗与幕墙的设计及安装，除应符合本规程的规定外，尚应符合国家、行业和贵州省现行有关法律法规和标准的相关规定。

2 术 语

2.0.1 贴膜中空玻璃 insulating film-mounted glass

至少采用一片贴有功能膜的玻璃，与其他玻璃一起，以有效支撑均匀隔开并周边粘接密封，使玻璃层之间形成有干燥气体空间的玻璃制品。

2.0.2 玻璃中部强度 strength on center area of glass

荷载垂直玻璃板面，玻璃中部的断裂强度。

2.0.3 玻璃边缘强度 strength on border area of glass

荷载垂直玻璃板面，玻璃边缘的断裂强度。

2.0.4 玻璃端面强度 strength on edge of glass

荷载垂直玻璃断面，玻璃端面的抗拉强度。

2.0.5 有框贴膜中空玻璃 framed insulating film-mounted glass

被具有足够刚度的支承部件连续地包住所有边的贴膜中空玻璃。

2.0.6 贴膜中空玻璃自由边 free edges of Insulating Filmed Glass Unit

没有被具有足够刚度支承构件包住的贴膜中空玻璃边。

2.0.7 前部余隙 front clearance

贴膜中空玻璃外侧表面与压条或凹槽前端竖直面之间的距离。

2.0.8 后部余隙 back clearance

贴膜中空玻璃内侧表面与凹槽后端竖直面之间的距离。

2.0.9 边缘间隙 edge clearance

贴膜中空玻璃边缘与凹槽底面之间的距离。

2.0.10 嵌入深度 edge cover

贴膜中空玻璃边缘到可见线之间的距离。

2.0.11 功能膜 performance films

一种由耐磨涂层、经工艺处理的聚酯膜和保护膜通过胶粘剂组合在一起用于建筑玻璃上的多层聚酯复合薄膜材料。

2.0.12 膜层缺陷 film and coating defects

膜层中出现的各种质量问题。玻璃贴膜膜层缺陷包括麻点、斑点、斑纹、皱褶、膜面划伤、缺胶和气泡。

2.0.13 斑点 spot

玻璃贴膜后膜层中的色泽较深或较浅的点状缺陷。

2.0.14 斑纹 stripe

玻璃贴膜后膜层色泽发生变化的云状、放射状或条纹状缺陷。

2.0.15 膜面划伤 scratch line

玻璃贴膜后膜表面的各种线状痕。

2.0.16 麻点 dust

玻璃贴膜后膜层中或表面肉眼可见的点状固体缺陷。

2.0.17 皱褶 crease

玻璃贴膜后从功能膜的透射方向看，膜表面出现的不可逆转的折痕。

2.0.18 气泡 bubble

玻璃贴膜干燥后表面出现的空鼓状缺陷。

2.0.19 针孔 pinhole

玻璃贴膜后相对膜层整体可视透明的部分或全部没有附着膜层的点状缺陷。

3 基本规定

3.1 荷载及其效应

3.1.1 作用在贴膜中空玻璃上的风荷载、雪荷载和活荷载应按现行国家标准《建筑结构荷载规范》GB 50009 的有关规定计算。

3.1.2 贴膜中空玻璃的承载能力极限状态，应根据荷载效应的基本组合进行荷载效应组合，按下式进行设计：

1 无地震作用效应组合时：

$$\gamma_0 S \leqslant R \qquad (3.1.2\text{-}1)$$

2 有地震作用效应组合时：

$$\gamma_{RE} S_E \leqslant R \qquad (3.1.2\text{-}2)$$

式中：S——荷载效应按基本组合的设计值；

$\quad\quad S_E$——地震作用效应和其他荷载效应按基本组合的设计值；

$\quad\quad R$——玻璃强度设计值；

$\quad\quad \gamma_0$——结构重要性系数，取值不应小于 1.0；

$\quad\quad \gamma_{RE}$——承载力抗震调整性系数，应取 1.0。

3.1.3 组合成贴膜中空玻璃的单片玻璃板在荷载按标准组合作用下产生的最大挠度值应符合下式规定：

$$d_f \leqslant [d] \qquad (3.1.3)$$

式中：d_f——组合成贴膜中空玻璃的单片玻璃板在荷载按标准组合作用下产生的最大挠度值；

$\quad\quad [d]$——玻璃板挠度限值。

3.1.4 当考虑地震作用时，风荷载和地震作用应按荷载效应基本组合进行荷载效应组合，且贴膜中空玻璃的最大许用跨度可按本规程第 5.2 节的方法进行计算。

3.2 设 计 准 则

3.2.1 组合成贴膜中空玻璃的单片玻璃的强度设计值应根据荷载方向、荷载类型、最大应力点位置、玻璃种类和玻璃厚度选择。

3.2.2 用于建筑外围护结构上的贴膜中空玻璃应进行热工性能计算，贴膜中空玻璃传热系数计算方法可按本规程附录 A 执行，其参考值见附录 A 中表 A.0.2-4；贴膜中空玻璃太阳得热系数可按《建筑玻璃 可见光透射比、太阳光直接透射比、太阳能总透射比、紫外线透射比及有关窗玻璃参数的测定》GB/T 2680 执行。

3.2.3 贴膜中空玻璃宜进行玻璃结露点计算，计算方法可按本规程附录 B 执行。

4 材　料

4.1 玻　璃

4.1.1 贴膜中空玻璃所采用的玻璃，可根据要求选用平板玻璃、超白浮法玻璃、钢化玻璃、半钢化玻璃等。

4.1.2 贴膜中空玻璃所采用玻璃的单片厚度不宜超过12mm。

4.1.3 贴膜中空玻璃采用的玻璃，其外观、质量和性能应符合以下标准要求，在规定使用安全玻璃的地方，贴膜中空玻璃采用的玻璃应为安全玻璃。

 1　《平板玻璃》GB 11614

 2　《建筑用安全玻璃　第2部分：钢化玻璃》GB 15763.2

 3　《建筑用安全玻璃　第4部分：均质钢化玻璃》GB 15763.4

 4　《半钢化玻璃》GB 17841

 5　《中空玻璃》GB/T 11944

 6　《建筑门窗幕墙用钢化玻璃》JG/T 455

 7　《贴膜玻璃》JC 846

 8　《超白浮法玻璃》JC/T 2128

 9　《贴膜中空玻璃》DB 52/T 790

4.1.4 用于建筑门窗幕墙的贴膜中空玻璃中的单片钢化玻璃，应符合《建筑门窗幕墙用钢化玻璃》JG/T 455 规定。

4.1.5 组合成贴膜中空玻璃的单片玻璃的强度设计值可按下式计算：

$$f_g = c_1 c_2 c_3 c_4 f_0 \qquad (4.1.5)$$

式中：f_g——组合成贴膜中空玻璃的单片玻璃强度设计值（MPa）；

  c_1——玻璃种类系数；

  c_2——玻璃强度位置系数；

  c_3——荷载类型系数；

c_4——玻璃厚度系数；

f_0——短期荷载作用下，组合成贴膜中空玻璃的单片平板
玻璃中部强度设计值，取28MPa。

4.1.6 组合成贴膜中空玻璃的单片玻璃种类系数应按表4.1.6
取值。

表4.1.6 玻璃种类系数 c_1

玻璃种类	平板玻璃 超白浮法玻璃	半钢化玻璃	钢化玻璃
c_1	1.00	1.60~2.00	2.50~3.00

4.1.7 组合成贴膜中空玻璃的单片玻璃强度位置系数应按
4.1.7取值。

表4.1.7 玻璃强度位置系数 c_2

强度位置	中部强度	边缘强度	端面强度
c_2	1.00	0.80	0.70

4.1.8 组合成贴膜中空玻璃的单片玻璃荷载类型系数应按表
4.1.8取值。

表4.1.8 荷载类型系数 c_3

荷载类型	平板玻璃 超白浮法玻璃	半钢化玻璃	钢化玻璃
短期荷载 c_3	1.00	1.00	1.00
长期荷载 c_3	0.31	0.50	0.50

4.1.9 组合成贴膜中空玻璃的单片玻璃厚度系数应按表4.1.9
取值。

表4.1.9 玻璃厚度系数 c_4

玻璃厚度	4mm~12mm
c_4	1.00

4.1.10 在短期荷载作用下，用于加工制造贴膜中空玻璃的平板

7

玻璃、半钢化玻璃和钢化玻璃强度设计值可按表4.1.10取值。

表4.1.10　短期荷载作用下玻璃强度设计值f_g（N/mm²）

种类	厚度（mm）	中部强度	边缘强度	端面强度
平板玻璃 超白浮法玻璃	4～12	28	22	20
半钢化玻璃	4～12	56	44	40
钢化玻璃	4～12	84	67	59

4.1.11　在长期荷载作用下，用于加工制造贴膜中空玻璃的平板玻璃、半钢化玻璃和钢化玻璃强度设计值可按表4.1.11取值。

表4.1.11　长期荷载作用下玻璃强度设计值f_g（N/mm²）

种类	厚度（mm）	中部强度	边缘强度	端面强度
平板玻璃	4～12	9	7	6
半钢化玻璃	4～12	28	22	20
钢化玻璃	4～12	42	34	30

4.1.12　贴膜中空玻璃强度设计值应按采用玻璃种类确定。

4.1.13　对贴膜中空玻璃热工性能要求或对贴膜中空玻璃表面变形要求较高时，可采取下列措施：

　　1　采用三玻两腔贴膜中空玻璃，两侧玻璃厚度不应小于4mm；厚度差不宜超过3mm，其空气间隔层厚度不宜小于9mm。

　　2　可充惰性气体，但贴膜中空玻璃间隔条应采用连续折弯且对接缝处密封处理。

　　3　采用暖边间隔条。

　　4　当贴膜中空玻璃制作与使用地理位置有较大气压变化时，宜采用呼吸管平衡装置，且在使用地对呼吸管做封闭密封处理。

　　5　贴膜中空玻璃可采用毛细管技术。

4.2　功　能　膜

4.2.1　贴膜中空玻璃采用的功能膜，应符合《建筑玻璃用功能膜》GB/T 29061 规定。

4.2.2　建筑玻璃幕墙和门窗采用的贴膜中空玻璃，应选用具有防飞溅性能的功能膜，且厚度应不低于 0.05mm。其尺寸允许偏差应符合表 4.2.2 规定。

表 4.2.2　建筑玻璃用功能膜的尺寸允许偏差（单位：mm）

项目	说明	允许偏差最大值
厚度	厚度 <0.2	−0，+0.013
	厚度 ≥0.2	−0，+0.025
宽度		≥标称值
长度		≥标称值

4.2.3　建筑玻璃用功能膜的落球冲击性能、防飞溅性能，按《建筑玻璃用功能膜》GB/T 29061 要求进行试验。

4.2.4　贴膜中空玻璃采用的功能膜的耐老化性能，按《建筑玻璃用功能膜》GB/T 29061 要求进行试验。

4.3　安 装 材 料

4.3.1　贴膜中空玻璃安装材料应符合下列标准的规定：

　1　《聚氨酯建筑密封胶》JC/T 482；

　2　《丙烯酸酯建筑密封胶》JC/T 484；

　3　《建筑窗用弹性密封胶》JC/T 485；

　4　《幕墙玻璃接缝用密封胶》JC/T 882；

　5　《中空玻璃用丁基热熔密封胶》JC/T 914；

　6　《中空玻璃间隔条　第一部分：铝间隔条》JC/T 2069；

　7　《硅酮和改性硅酮建筑密封胶》GB/T 14683；

　8　《塑料门窗用密封条》GB 12002；

　9　《建筑用硅酮结构密封胶》GB 16776；

10 《中空玻璃用硅酮结构密封胶》GB 24266；

11 《建筑门窗、幕墙用密封胶条》GB/T 24498；

12 《中空玻璃用弹性密封胶》GB/T 29755；

13 《建筑门窗幕墙用中空玻璃弹性密封胶》JG/T 471

14 《建筑幕墙用硅酮结构密封胶》JG/T 475

4.3.2 支承块宜采用挤压成型 PVC 或邵氏 A 硬度为 80～90 的氯丁橡胶等材料制成。

4.3.3 定位块和弹性止动片宜采用有弹性的非吸附性材料制成。

4.3.4 贴膜中空玻璃应采用双道密封，一道密封应采用丁基热熔密封胶，二道密封的采用应符合相关标准以及门窗和幕墙的相关规定与设计要求。二道密封采用硅酮胶的，可不留玻璃边，使硅酮胶完全粘结在功能膜上。密封胶层宽度应符合《贴膜中空玻璃》DB 52/T 790 标准中 6.2.5 条的规定和门窗和幕墙相关规定和设计的要求。

5 分类及选择

5.1 分 类

5.1.1 按粘贴有功能膜玻璃层之间形成的中空空腔数和粘贴有功能膜的玻璃片数可分为：

   1 单空腔双片贴膜中空玻璃；

   2 单空腔单片贴膜中空玻璃；

   3 双空腔三片贴膜中空玻璃；

   4 双空腔双片贴膜中空玻璃；

   5 双空腔单片贴膜中空玻璃。

   分类示意见附录 E。

5.1.2 按中空腔内气体类型可分为：普通贴膜中空玻璃（中空腔内为干燥空气）和充气贴膜中空玻璃（中空腔内充入氩气、氪气等惰性气体）。

5.1.3 按玻璃形状可分为：平面贴膜中空玻璃、曲面贴膜中空玻璃和异形贴膜中空玻璃。

5.1.4 按所贴膜的功能可分为：

   1 具有阳光控制和/或低辐射/及抵御辐射并防玻璃破碎后飞散和防玻璃破碎后坠落功能；

   2 具有防玻璃破碎后飞散和防玻璃破碎后坠落功能。

5.2 选 择

5.2.1 建筑玻璃幕墙和门窗设计文件中应标明贴膜中空玻璃的名称。贴膜中空玻璃标记命名方法见附录 F。

5.2.2 建筑玻璃幕墙及门窗的外开启扇，应选用 5.1.1 条中的 1、3、4 类贴膜中空玻璃。

5.2.3 内斜式幕墙或门窗，应选用 5.1.1 条中的 1、3、4 类贴膜中空玻璃。

5.2.4 有框活动门、固定门和落地窗，应选用 5.1.1 条中的 1、3、4 类贴膜中空玻璃。

5.2.5 用于建筑幕墙和门窗的贴膜中空玻璃，应满足建筑节能设计要求。设计时应根据选定的贴膜中空玻璃的光学和热工性能参数，再配合选定的窗框型材进行相应的节能设计。

典型贴膜中空玻璃系统的光学和热工参数见附录 G；典型贴膜中空玻璃配合不同窗框的整窗传热系数参考表见附录 H。

5.2.6 用于建筑幕墙和门窗的贴膜中空玻璃的形状和最大尺寸规格，见表 5.2.6。

表 5.2.6　建筑幕墙和门窗用贴膜中空玻璃形状和最大尺寸

玻璃厚度（mm）	中空空腔间隔厚度（mm）	长边最大尺寸（mm）	短边最大尺寸（正方形除外）（mm）	最大面积（m²）	正方形边长最大尺寸（mm）
4	6	1800	1300	2.34	1300
	9～10	1800	1300	2.34	1300
	12～20	1800	1300	2.34	1300
5	6	2200	1500	3.30	1500
	9～10	2200	1500	3.30	1500
	12～20	2200	1500	3.30	1500
6	6	3500	1500	5.25	1500
	9～10	3500	1500	5.25	1500
	12～20	3500	1500	5.25	1500
8	6	4000	1500	6.00	—
	9～10	4000	1500	6.00	—
	12～20	4000	1500	6.00	—
10	6	4500	1500	6.75	—
	9～10	4500	1500	6.75	—
	12～20	4500	1500	6.75	—
12	12～20	5000	1500	7.50	—

注：贴膜中空玻璃用于易受人体冲击的部位时，其尺寸面积大小按本规程第 8 章：防人体冲击规定执行。

6 抗风压设计

6.1 风荷载计算

6.1.1 作用在建筑门窗及幕墙用贴膜中空玻璃上的风荷载设计值应按下式计算：

$$\omega = \gamma_w \omega_k \qquad (6.1.1)$$

式中：ω——风荷载设计值（kPa）；

ω_k——风荷载标准值（kPa）；

γ_w——风荷载分项系数，取 1.5。

6.1.2 当风荷载标准值的计算结果小于 1.0kPa 时，应按 1.0kPa 取值。

6.2 抗风压设计

6.2.1 安装在室外的贴膜中空玻璃应进行抗风压设计，并应同时满足承载力极限状态和正常使用极限状态的要求。用于建筑幕墙的贴膜中空玻璃抗风压设计应按现行行业标准《玻璃幕墙工程技术规范》JGJ 102 执行。

6.2.2 贴膜中空玻璃的承载力极限状态设计，根据分配到每片玻璃上的风荷载，可考虑采用几何非线性的有限元法进行计算，且最大应力设计值不应超过短期荷载作用下玻璃强度设计值。

6.2.3 组合成矩形贴膜中空玻璃的单片玻璃的最大许用跨度也可按下列方法计算：

    1 最大许用跨度可按下式计算：

$$L = k_1 (\omega + k_2)^{k_3} + k_4 \qquad (6.2.3)$$

式中： ω——分配到每片玻璃上的风荷载设计值（kPa）；

    L——玻璃最大允许跨度（mm）；

k_1、k_2、k_3 和 k_4——常数，根据玻璃的长宽比进行取值。

2 k_1、k_2、k_3和k_4的取值应符合下列规定：

1） 对于四边支承和两对边支承的组合成贴膜中空玻璃的单片平板矩形玻璃、单片半钢化矩形玻璃、单片钢化矩形玻璃，其k_1、k_2、k_3和k_4可按本规程附录C取值。三边支承可按两对边支承取值。

2） 当组合成贴膜中空玻璃的单片玻璃长宽比超过5时，玻璃的k_1、k_2、k_3和k_4应按长宽比等于5进行取值。

3） 当组合成贴膜中空玻璃的单片玻璃长宽比不包含在本规程的附录C中时，可先分别计算玻璃相邻两长宽比条件下的最大许用跨度，再采用线性插值法计算其最大许用跨度。

6.2.4 贴膜中空玻璃的正常使用极限状态设计，根据分配到每片玻璃上的风荷载，可采用考虑几何非线性的有限元法计算，且挠度限值 [d] 应取跨度的1/60，四边支承和两对边支承矩形贴膜中空玻璃正常使用极限状态也可按下列规定设计：

1 四边支承和两对边支承矩形玻璃单位厚度跨度限值应按下式计算：

$$\left[\frac{L}{t}\right] = k_5(\omega_k + k_6)^{k_7} + k_8 \qquad (6.2.4)$$

式中： $\left[\dfrac{L}{t}\right]$——玻璃单位厚度跨度限值；

ω_k——分配到每片玻璃上的风荷载标准值（kPa）；

k_5、k_6、k_7和k_8——常数，可按本规程附录C取值。

2 设计贴膜中空玻璃跨度（a）除以玻璃厚度（t），不应大于玻璃单位厚度跨度限值$\left[\dfrac{L}{t}\right]$。

6.2.5 作用在贴膜中空玻璃上的风荷载可按荷载分配系数分配到每片玻璃上，荷载分配系数可按下列公式计算：

1 直接承受风荷载作用的单片玻璃：

$$\xi_1 = 1.1 \times \frac{t_1^3}{t_1^3 + t_2^3} \qquad (6.2.5\text{-}1)$$

式中：ξ_1——荷载分配系数；

t_1——外片玻璃厚度（mm）；

t_2——内片玻璃厚度（mm）。

    2 不直接承受风荷载作用的单片玻璃：

$$\xi_2 = \frac{t_2^3}{t_1^3 + t_2^3} \quad\quad (6.2.5\text{-}2)$$

式中：ξ_2——荷载分配系数；

t_1——外片玻璃厚度（mm）；

t_2——内片玻璃厚度（mm）。

6.2.6 设计采用贴膜中空玻璃时应考虑其长边和短边的立面分格。

7 防热炸裂设计与措施

7.1 防热炸裂设计

7.1.1 当贴膜中空玻璃采用未经钢化（含非半钢化）的平板或浮法超白玻璃并以明框型式安装且位于向阳面时，应进行热应力计算，且玻璃边部承受的最大应力值不应超过玻璃端面强度设计值。

采用半钢化玻璃贴膜和钢化玻璃贴膜可不进行热应力计算。

7.1.2 贴膜中空玻璃端面强度设计值可按本规程式（4.1.5）计算，也可按表 7.1.2 取值。

表 7.1.2 贴膜中空玻璃端面强度设计值

品种	厚度（mm）	端面设计值（MPa）
平板玻璃 超白浮法玻璃	4 ~ 12	20

7.1.3 在日光照射下，贴膜中空玻璃端面应力应按下式计算：

$$\sigma_h = 0.74E\alpha\mu_1\mu_2\mu_3\mu_4(T_c - T_s) \qquad (7.1.3)$$

式中：σ_h——玻璃端面应力（MPa）；

E——玻璃弹性模量，可按 0.72×10^5 MPa 取值；

α——玻璃线膨胀系数，可按 $10^{-5}/℃$ 取值；

μ_1——阴影系数，按表 7.1.3-1 取值；

μ_2——窗帘系数，按表 7.1.3-2 取值；

μ_3——玻璃面积系数，按表 7.1.3-3 取值；

μ_4——边缘温度系数，按表 7.1.3-4 取值；

T_c——玻璃中部温度，其计算方法应符合本规程附录 D 的规定；

T_s——窗框温度，其计算方法应符合本规程附录 D 的规定。

表7.1.3-1 阴影系数

阴影形状				
系数	1.3	1.6	1.7	1.7
	适用于阴影宽度大于100mm情况，如门边立柱、门窗横档或其他			树木、广告牌等在玻璃上形成三角阴影

表7.1.3-2 窗帘系数

窗帘形式	薄的丝织品		厚丝织品	百叶窗
窗帘与玻璃的距离（mm）	<100	≥100	<100	≥100
系数	1.3	1.1	1.5	1.3

表7.1.3-3 玻璃面积系数

面积（m²）	0.5	1.0	1.5	2.0	2.5	3.0	4.0	5.0	6.0
系数	0.95	1.00	1.04	1.07	1.09	1.10	1.12	1.14	1.16

表7.1.3-4 边缘温度系数

安装形式	固定窗	开启扇
油灰、非结构密封垫	0.95	0.75
实心条＋弹性密封胶	0.80	0.65
泡沫条＋弹性密封胶	0.65	0.50
结构密封垫	0.55	0.48

7.2 防热炸裂措施

7.2.1 贴膜中空玻璃安装时，不得在玻璃周边造成缺陷，应对玻璃边部进行精加工。

7.2.2 贴膜中空玻璃内侧窗帘、百叶窗及其他遮蔽物与玻璃之间距离不应小于50mm。

8 防人体冲击规定

8.1 一般规定

8.1.1 贴膜中空玻璃用于易受人体冲击的部位时，必须采用钢化玻璃，其最大许用面积应符合表8.1.1的规定。

表8.1.1 贴膜中空玻璃最大许用面积

玻璃种类	单片玻璃公称厚度(mm)	最大许用面积(m²)
贴膜中空玻璃 （钢化）	4	2.0
	5	2.0
	6	3.0
	8	4.0
	10	5.0
	12	6.0

8.1.2 贴膜中空玻璃暴露边不得存在锋利的边缘和尖锐的角部。

8.2 玻璃的选择

8.2.1 采用贴膜中空玻璃的有框活动门、固定门和落地窗应符合下列规定：

1 在贴膜中空玻璃易于受到人体冲击的一面，必须采用钢化玻璃贴功能膜。

2 贴膜中空玻璃的最大使用面积应符合本规程表8.1.1许用面积的规定。

8.3 保护措施

8.3.1 安装在易于受到人体或物体碰撞部位的贴膜中空玻璃，应采取保护措施。

8.3.2 根据易发生碰撞的贴膜中空玻璃所处的具体部位，可采取在视线高度设醒目标志或设置护栏等防碰撞措施。碰撞后可能发生高处人体或玻璃坠落的，应设置护栏。

9 安 装

9.1 装 配 尺 寸

9.1.1 建筑门窗用贴膜中空玻璃的最小装配尺寸应符合表9.1.1规定（配合示意图见图9.1.1）；

表 9.1.1 建筑门窗用贴膜中空玻璃的最小安装尺寸（mm）

玻璃公称厚度	前部余隙和后部余隙 a		嵌入深度 b	边缘间隙 c
	密封胶	胶条		
4 + A + 4	5.0	3.5	15.0	5.0
5 + A + 5				
6 + A + 6				
8 + A + 8	7.0	5.0	17.0	7.0
10 + A + 10				
12 + A + 12				

注：A 为气体层的厚度，其数值可取 6mm、9mm、12mm、15mm、16mm。

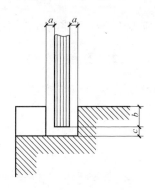

图 9.1.1 建筑门窗用贴膜中空
玻璃与槽口的配合示意图

9.1.2 建筑幕墙用贴膜中空玻璃的安装尺寸应按现行行业标准《玻璃幕墙工程技术规范》JGJ 102 的规定执行。其与槽口的配合尺寸应符合表9.1.2的规定（配合示意图见图9.1.2）。

表9.1.2　建筑幕墙用贴膜中空玻璃的最小安装尺寸（mm）

贴膜中空玻璃厚度（mm）	a	b	c		
			下边	上边	侧边
$6+A+6$	≥5	≥17	≥7	≥5	≥5
$8+A+8$ 及以上	≥6	≥18	≥7	≥5	≥5

注：d_a 为空气层厚度，不应小于 9mm（图9.1.2）

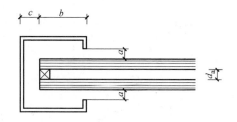

图9.1.2　建筑幕墙用贴膜中空
玻璃与槽口的配合示意图

9.1.3 凹槽宽度应等于前部余隙、玻璃公称厚度和后部余隙之和。

9.1.4 凹槽的深度应等于边缘间隙和嵌入深度之和。

9.2　安装材料

9.2.1 贴膜中空玻璃安装材料应与接触材料相容，安装材料的选用应通过相容性试验确定。

9.2.2 支承块的尺寸应符合下列规定：

　　1 每块最小长度不得小于 50mm；

　　2 宽度应等于贴膜中空玻璃的公称厚度加上前部余隙和后部余隙；

　　3 厚度应等于边缘间隙。

9.2.3 定位块的尺寸应符合下列规定：

　　1　长度不应小于25mm；

　　2　宽度应等于贴膜中空玻璃的厚度加上前部余隙和后部余隙；

　　3　厚度应等于边缘间隙。

9.2.4 支承块与定位块的位置应符合下列规定（图9.2.4）：

　　1　采用固定安装方式时，支承块和定位块的安装位置应距离槽角为（1/10）~（1/4）边长位置之间，且不宜小于150mm。

　　2　采用可开启安装方式时，支承块和定位块的安装位置距槽角不应小于30mm。当安装在窗框架上的铰链位于槽角部30mm和距槽角1/4边长点之间时，支承块和定位块应与铰链安装的位置一致；

　　3　支承块、定位块不得堵塞泄水孔。

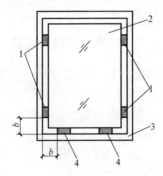

图9.2.4　支承块和定位块安装位置
1—定位块；2—玻璃；3—框架；4—支承块

9.2.5 弹性止动片的尺寸应符合下列规定：

　　1　长度不应小于25mm；

　　2　高度应比凹槽深度小3mm；

　　3　厚度应等于前部余隙或后部余隙。

9.2.6 弹性止动片位置应符合下列规定：

　　1　弹性止动片应安装在贴膜中空玻璃相对的两侧，弹性止动片之间的间距不应大于300mm；

2 弹性止动片安装的位置不应与支承块和定位块的位置相同。

9.2.7 密封胶的应用应符合下列规定：

1 对于多孔表面的框材，框材表面应涂底漆。当密封胶用于塑料门窗安装时，应确定其适用性和相容性；

2 用密封胶安装时，应使用支承块、定位块、弹性止动片；

3 密封胶上表面不应低于槽口，并应做成斜面；下表面应低于槽口3mm。

9.2.8 胶条材料的应用应符合下列规定：

1 对于多孔表面的框材，框材表面应涂底漆。胶条材料用于塑料门窗时，应确定其适用性和相容性；

2 胶条材料用于贴膜中空玻璃两侧与槽口内壁之间时，应使用支承块和定位块。

9.3 玻璃抗侧移的安装

9.3.1 贴膜中空玻璃的四边应留有间隙，框架允许水平变形量应大于因楼层变形引起的框架变形量。

9.3.2 框架允许水平变形量应按下式计算：

$$\Delta u = 2c\left(1 + \frac{Hd}{Wc}\right) + S \qquad (9.3.2)$$

式中：Δu——框架允许水平变形量（mm）；

d——玻璃与框架纵向间隙（mm）；

c——玻璃与框架横向间隙（mm）；

H——框架槽内高度（mm）；

W——框架槽内宽度（mm）；

S——误差，可取2mm～3mm。

9.3.3 贴膜中空玻璃安装采用的密封胶的位移能力级别不应小于20HM。

9.4 安 装 方 向

贴膜中空玻璃安装时，应将粘贴了具有光学性能的安全功能膜的玻璃（功能膜粘贴在中空玻璃的第二面）置于室外一侧。

10 验 收

10.1 一般规定

10.1.1 采用贴膜中空玻璃工程的验收应符合现行国家标准《建筑工程施工质量验收统一标准》GB 50300、《建筑节能工程施工质量验收规范》GB 50411、《贴膜中空玻璃》DB 52/T 790 的有关规定外，尚应符合国家、行业和贵州省现行有关法律法规和标准的相关规定。

10.1.2 贴膜中空玻璃应用于建筑门窗和建筑幕墙工程时，应满足设计要求。

10.2 主控项目

10.2.1 采用贴膜中空玻璃的建筑门窗或幕墙工程验收时，应出具玻璃贴膜产品质量保证书。并提供经国家认可的检测机构检测的下列报告：

    1 贴膜中空玻璃采用的功能膜的光学性能检测报告；

    2 贴膜中空玻璃采用的功能膜的耐老化性能试验报告；

    3 贴膜中空玻璃的落球冲击性能（玻璃面）的检测报告。

10.2.2 提供经国家认可的检测机构出具的合格的贴膜中空玻璃型式检验报告。

10.3 一般项目

10.3.1 贴膜中空玻璃表面观感质量验收要求及检查方法应符合表 10.3.1 的规定。

表 10.3.1 贴膜中空玻璃表面观感质量验收要求及检查方法

缺陷名称	指标	要求	检验方法
麻点	直径 < 0.8mm	不允许密集	观察、钢直尺检查

缺陷名称	指标	要求		检验方法
麻点	0.8mm≤直径<1.2mm	中部：≤3.0×S,个	边部：不允许密集	观察、钢直尺检查
	1.2mm≤直径<1.6mm	中部：≤2.0×S,个	边部：≤8.0×S,个	
	1.6mm≤直径<2.5mm	中部：不允许存在	边部：≤5.0×S,个	
	直径>2.5mm	不允许存在		
斑点	1.0mm≤直径≤2.5mm	中部：≤5.0×S,个	边部：≤6.0×S,个	
	2.5mm≤直径5.0mm	中部：不允许存在	边部：≤3.0×S,个	
	直径>5.0mm	不允许存在		
斑纹	目视可见	不允许存在		观察
皱褶	目视可见	不允许存在		
膜面划伤	0.1mm<宽度≤0.3mm,长度≤60mm	≤5.0×S,条,划伤间距≥100mm		观察、钢直尺检查
	宽度>0.3mm或长度>60mm	不允许存在		
缺胶	目视可见	不允许存在		观察
气泡	目视可见	不允许存在		
对接加覆盖贴膜	玻璃贴膜的接缝缝隙不应大于2.0mm,且两片膜之间应无可视色差。			观察、钢直尺检查

注：1 密集是指在φ100mm 面积内麻点超过 20 个；

2 S 是以平方米为单位的膜面积，保留小数点后两位；

3 允许个数及允许条数为各系数与 S 相乘所得的数值，按 GB/T 8170 修至整数；

4 中部是指距离膜边缘 75mm 以内的区域，其他部分为边部；

5 目视指距离贴膜中空玻璃表面 2m，垂直玻璃表面入视。

附录 A 贴膜中空玻璃传热系数值的 计算方法

A.0.1 贴膜中空玻璃传热系数应按下式计算：

1 贴膜玻璃系统热导应按下式计算：

$$\frac{1}{h_t} = \sum_{n=1}^{N} \frac{1}{h_s} + \frac{d}{\lambda} \qquad (A.0.1\text{-}1)$$

式中：h_t——玻璃系统热导 $[W/(m^2 \cdot K)]$；

h_s——贴膜中空玻璃气体间隙层热导 $[W/(m^2 \cdot K)]$；

N——贴膜中空玻璃气体层数量（层）；

λ——贴膜玻璃导热系数 $[W/(m^2 \cdot K)]$；

d——组成贴膜中空玻璃系统各单片玻璃厚度之和（m）。

2 贴膜中空玻璃气体间隙层热导应按下式计算：

$$h_s = h_g + h_r \qquad (A.0.1\text{-}2)$$

式中：h_g——贴膜中空玻璃气体间隙层气体热导（包括导热和对流）$[W/(m^2 \cdot K)]$；

h_r——贴膜中空玻璃气体间隙层内两片玻璃之间辐射热导 $[W/(m^2 \cdot K)]$；

3 贴膜中空玻璃气体间隙层气体热导应按下式计算：

$$h_g = N_u \frac{\lambda}{s} \qquad (A.0.1\text{-}3)$$

式中：s——气体层的厚度（m）；

λ——气体导热系数 $[W/(m^2 \cdot K)]$；

N_u——努塞尔准数。

4 努塞尔准数应按下式计算：

$$N_u = A(G_r \cdot P_r)^n \qquad (A.0.1\text{-}4)$$

式中：A——常数；

G_r——格拉晓夫准数；

P_r——普朗特准数；

n——幂指数。

当 $N_u < 1$，则将取为1。

5 格拉晓夫准数应按下式计算：

$$G_r = \frac{9.18s^3 \Delta T \rho^2}{T_m \mu^2} \qquad (A.0.1-5)$$

6 普朗特准数应按下式计算：

$$P_r = \frac{\mu c}{\lambda} \qquad (A.0.1-6)$$

式中：ΔT——贴膜中空玻璃气体间隙层两玻璃内表面的温度差
（K）；

ρ——气体密度（kg/m³）；

μ——气体动态黏度［kg/(m·s)］；

c——气体比热容［J/(kg·K)］；

T_m——玻璃平均温度（K）；

垂直玻璃：$A = 0.035$，$n = 0.38$；

水平玻璃：$A = 0.16$，$n = 0.28$；

倾斜45°玻璃：$A = 0.10$，$n = 0.31$。

7 贴膜中空玻璃气体间隙层内两片玻璃之间辐射热导应按
下式计算：

$$h_r = 4\sigma \left(\frac{1}{\varepsilon_1} + \frac{1}{\varepsilon_2} - 1 \right)^{-1} \times T_m^3 \qquad (A.0.1-7)$$

式中：ε_1 和 ε_2——贴膜中空玻璃气体间隙层两片玻璃内表面在平
均绝对温度 T_m 下的校正发射率。

8 贴膜中空玻璃传热系数应按下式计算：

$$\frac{1}{U} = \frac{1}{h_e} + \frac{1}{h_t} + \frac{1}{h_i} \qquad (A.0.1-8)$$

式中：U——贴膜中空玻璃传热系数［W/(m²·K)］；

h_e——室外表面换热系数［W/(m²·K)］；

h_t——玻璃系统热导 $[W/(m^2 \cdot K)]$；

h_i——室内表面换热系数 $[W/(m^2 \cdot K)]$。

A.0.2 计算贴膜中空玻璃传热系数有关参数取值应符合下列规定：

1 玻璃导热系数 λ 应按 1 $[W/(m^2 \cdot K)]$ 取值；

2 贴白色安全膜玻璃表面校正发射率应按 0.837 取值；

3 贴膜中空玻璃气体间隙层两玻璃内表面的温度差 ΔT 可按 15K 取值；

4 贴膜中空玻璃平均温度（T_m）可按 283K 取值；

5 斯蒂芬-玻尔兹曼常数 σ 应按 5.67×10^{-8} $[W/(m^2 \cdot K)]$ 取值；

6 室外表面换热系数应按下式计算：

$$h_e = 10.0 + 4.1v \qquad (A.0.2\text{-}1)$$

式中：h_e——室外表面换热系数 $[W/(m^2 \cdot K)]$；

v——玻璃表面附近风速（m/s）。

一般情况下，h_c 可按 23 $[W/(m^2 \cdot K)]$ 取值。

7 室内表面换热系数应按下式计算：

$$h_i = 3.6 + 4.4\varepsilon/0.837 \qquad (A.0.2\text{-}2)$$

式中：h_i——室内表面换热系数 $[W/(m^2 \cdot K)]$；

ε——玻璃表面校正发射率。

如果玻璃空腔内未贴低辐射膜，可按 8 $[W/(m^2 \cdot K)]$ 取值。

8 气体特性应按表 A.0.2-1 取值。

表 A.0.2-1　气体特性

气体	温度 θ （℃）	密度 ρ （kg/m³）	动态黏度 μ $[10^{-5}kg/(m \cdot s)]$	导热系数 λ $[10^{-2}W/(m^2 \cdot K)]$	比热容 c $[10^3 J/(kg \cdot K)]$
空气	−10	1.326	1.661	2.336	1.008
	0	1.277	1.711	2.416	
	+10	1.232	1.761	2.496	
	+20	1.189	1.811	2.576	

气体	温度 θ (℃)	密度 ρ (kg/m³)	动态黏度 μ [10⁻⁵kg/ (m·s)]	导热系数 λ [10⁻²W/ (m²·K)]	比热容 c [10³J/ (kg·K)]
氩气	−10	1.829	2.038	1.584	
	0	1.762	2.101	1.634	0.519
	+10	1.699	2.164	1.684	
	+20	1.640	2.228	1.734	
氟化硫	−10	6.844	1.383	1.119	
	0	6.602	1.421	1.197	0.614
	+10	6.360	1.459	1.275	
	+20	6.118	1.497	1.354	
氪气	−10	3.832	2.260	0.842	
	0	3.690	2.330	0.870	0.245
	+10	3.560	2.400	0.900	
	+20	3.430	2.470	0.926	

9 粘贴了具有低辐射功能基片膜的玻璃的标准发射率 ε_n 取值应符合下列规定：

1）应在接近正常入射状况下，采用红外光谱仪测试玻璃反射曲线；

2）在反射曲线上，可按表 A.0.2-2 给出的 30 个波长值，测定相应的反射系率 $R_n(\lambda_i)$；

3）283K 温度下的标准反射率应按下式计算：

$$R_n = \frac{1}{30} \sum_{i=1}^{30} R_n(\lambda_i) \qquad (A.0.2-3)$$

式中：R_n——标准反射率；

　　$R_n(\lambda_i)$——波长为 λ_i 时的标准反射率。

4）283K 温度下的标准发射率应按下式计算：

$$\varepsilon_n = 1 - R_n \qquad (A.0.2-4)$$

式中：ε_n——标准发射率；

R_n——标准反射率。

表 A. 0. 2-2　用于测定 283K 下标准反射率
R_n 的波长（单位：μm）

序号	波长	序号	波长
1	5. 5	16	14. 8
2	6. 7	17	15. 6
3	7. 4	18	16. 3
4	8. 1	19	17. 2
5	8. 6	20	18. 1
6	9. 2	21	19. 2
7	9. 7	22	20. 3
8	10. 2	23	21. 7
9	10. 7	24	23. 3
10	11. 3	25	25. 2
11	11. 8	26	27. 7
12	12. 4	27	30. 9
13	12. 9	28	35. 7
14	13. 5	29	43. 9
15	14. 2	30	50. 0

10　校正发射率 ε 应采用表 A. 0. 2-3 给出的系数乘以标准发射率（ε_n）。

表 A. 0. 2-3　校正发射率与标准发射率之间的关系

标准发射率 ε_n	系数 $\varepsilon/\varepsilon_n$	标准发射率 ε_n	系数 $\varepsilon/\varepsilon_n$
0. 03	1. 22	0. 50	1. 00
0. 05	1. 18	0. 60	0. 98
0. 10	1. 14	0. 70	0. 96
0. 20	1. 10	0. 80	0. 95
0. 30	1. 06	0. 89	0. 94
0. 40	1. 03		

表 A.0.2-4 不同辐射率的典型贴膜中空玻璃中部传热系数计算参考值

贴膜中空玻璃中部传热系数 K_g [W/(m²·K)]（使用温度：+10℃）

建筑功能标准膜	4+12 A+4	4+12 Ar+4	5+12 A+5	5+12 Ar+5	6+12 A+6	6+12 Ar+6	8+12 A+8	8+12 Ar+8	10+12 A+10	10+12 Ar+10	12+12 A+12	12+12 Ar+12
发射率	传热系数	传热系数	传热系数	传热系数	传热系数	传热系数	传热系数	传热系数	传热系数	传热系数	传热系数	传热系数
0.05	1.68	1.31	1.67	1.31	1.66	1.30	1.65	1.30	1.64	1.29	1.62	1.28
0.10	1.81	1.46	1.80	1.46	1.76	1.46	1.78	1.45	1.77	1.44	1.76	1.43
0.15	1.92	1.64	1.92	1.60	1.91	1.59	1.90	1.58	1.88	1.57	1.87	1.56
0.20	2.03	1.73	2.02	1.72	2.01	1.72	2.00	1.70	1.98	1.69	1.97	1.68
0.25	2.12	1.84	2.11	1.83	2.10	1.83	2.09	1.81	2.07	1.80	2.05	1.79
0.30	2.21	1.94	2.20	1.93	2.19	1.92	2.17	1.91	2.15	1.89	2.13	1.88
0.35	2.29	2.03	2.28	2.02	2.27	2.01	2.25	1.99	2.23	1.98	2.21	1.97
0.40	2.36	2.11	2.35	2.01	2.34	2.09	2.31	2.08	2.29	2.06	2.27	2.04
0.45	2.42	2.18	2.41	2.18	2.40	2.17	2.38	2.15	2.35	2.13	2.33	2.11
0.50	2.48	2.25	2.47	2.24	2.46	2.23	2.43	2.22	2.41	2.20	2.39	2.18
0.55	2.54	2.32	2.53	2.31	2.52	2.30	2.49	2.28	2.47	2.26	2.44	2.24
0.60	2.59	2.38	2.58	2.37	2.57	2.36	2.54	2.34	2.52	2.32	2.49	2.30
0.65	2.65	2.44	2.63	2.43	2.62	2.42	2.59	2.39	2.56	2.37	2.54	2.35
0.70	2.69	2.50	2.68	2.48	2.66	2.47	2.63	2.45	2.61	2.42	2.58	2.40
0.75	2.74	2.55	2.73	2.54	2.72	2.53	2.69	2.50	2.66	2.48	2.63	2.45
0.80	2.79	2.60	2.77	2.59	2.76	2.57	2.73	2.55	2.70	2.52	2.67	2.50

附录 B 贴膜中空玻璃结露点计算方法

B. 0. 1 室内结露温度应按下列方法确定：

1 室内设计温度条件下的饱和水蒸气压 p_s 可按表 B. 0. 1 取值。

2 室内设计温度条件下的水蒸气分压 p 应按室内湿度与该饱和水蒸气压 p_s 的乘积取值。

3 室内结露温度可按表 B. 0. 1 中饱和水蒸气压等于水蒸气分压 p 的温度取值。

表 B. 0. 1　不同温度下的饱和水蒸气压 p_s（mmHg）

t （℃）	p_s	t （℃）	p_s	t （℃）	p_s	t （℃）	p_s
-20	0.772	-6	2.931	8	8.045	22	19.82
-19	0.850	-5	3.163	9	8.609	23	21.06
-18	0.935	-4	3.410	10	9.209	24	22.37
-17	1.027	-3	3.673	11	9.844	25	23.75
-16	1.128	-2	3.956	12	10.51	26	25.21
-15	1.238	-1	4.258	13	11.23	27	26.74
-14	1.357	0	4.579	14	11.98	28	28.35
-13	1.627	1	4.926	15	12.78	29	30.04
-12	1.780	2	5.294	16	13.63	30	31.82
-11	1.946	3	5.685	17	14.53	31	33.70
-10	2.194	4	6.101	18	15.47	32	35.66
-9	2.326	5	6.543	19	16.47	33	37.73
-8	2.514	6	7.013	20	17.53	34	39.90
-7	2.715	7	7.513	21	18.65	35	42.18

t (℃)	p_s	t (℃)	p_s	t (℃)	p_s	t (℃)	p_s
36	44. 56	53	109. 7	70	233. 7	87	468. 7
37	47. 07	54	112. 5	71	243. 9	88	487. 1
38	49. 69	55	118. 0	72	254. 6	89	506. 1
39	52. 44	56	123. 8	73	265. 7	90	525. 8
40	55. 32	57	129. 8	74	277. 2	91	546. 1
41	58. 34	58	136. 1	75	289. 1	92	567. 0
42	61. 50	59	142. 6	76	301. 4	93	588. 6
43	64. 80	60	149. 4	77	314. 1	94	610. 9
44	68. 26	61	156. 4	78	327. 3	95	633. 9
45	71. 88	62	163. 8	79	341. 0	96	657. 6
46	75. 65	63	171. 4	80	350. 7	97	682. 1
47	79. 60	64	179. 3	81	369. 7	98	707. 3
48	83. 71	65	187. 5	82	384. 9	99	733. 2
49	92. 51	66	196. 1	83	400. 6	100	760. 0
50	97. 20	67	205. 0	84	416. 8		
51	102. 1	68	214. 2	85	433. 6		
52	107. 2	69	223. 7	86	450. 9		

B. 0. 2 贴膜中空玻璃室内侧表面温度应按下式计算：

$$T = T_i - \frac{U}{h_i}(T_i - T_e) \qquad (\text{B. 0. 2})$$

式中：T——贴膜中空玻璃室内侧表面温度（K）；

T_i——建筑物室内温度（K）；

T_e——建筑物室外温度（K）；

h_i——室内对流换热系数 [W/(m² · K)]；

U——贴膜中空玻璃传热系数 [W/(m² · K)]。

B. 0. 3 可按下列方法进行贴膜中空玻璃结露判定：

1 当贴膜中空玻璃室内侧表面温度计算值大于室内结露温度时，可判定为贴膜中空玻璃不会产生结露；

2 当贴膜中空玻璃室内侧表面温度计算值小于等于室内结露温度时，可判定为贴膜中空玻璃会产生结露。

附录 C 贴膜中空玻璃抗风压设计计算参数

C.0.1 贴膜中空玻璃中的单片矩形平板玻璃 k_1、k_2、k_3 和 k_4 应按表 C.0.1 取值。

表 C.0.1 贴膜中空玻璃中的单片矩形平板玻璃的抗风压设计计算参数

t (mm)	常数	四边支撑：b/a								两边支撑
		1.00	1.25	1.50	1.75	2.00	2.25	3.00	5.00	
3	k_1	1558.4	1373.2	1313.4	1343.4	1381.9	1184.5	667.6	655.7	585.6
	k_2	0.25	0.20	0.200	0.30	0.40	0.30	-0.30	0	0
	k_3	-0.6124	-0.6071	-0.6423	-0.7112	-0.7642	-0.7255	-0.4881	-0.5000	-0.5
	k_4	4.20	-1.40	-22.68	-12.60	-11.20	2.80	-8.40	0	0
4	k_1	2050.7	1807.5	1725.7	1758.9	1804.6	1549.8	884.0	867.8	774.9
	k_2	0.237712	0.190170	0.190170	0.285254	0.380339	0.285254	-0.285250	0	0
	k_3	-0.6124	-0.6071	-0.6423	-0.7112	-0.7642	-0.7255	-0.4881	-0.5000	-0.5
	k_4	5.70	-1.90	-30.78	-17.10	-15.20	3.80	-11.40	0	0
5	k_1	2527.1	2227.9	2124.1	2159.0	2210.3	1901.2	1094.8	1074.2	959.3
	k_2	0.228312	0.182649	0.182649	0.273974	0.365299	0.273974	-0.273970	0	0
	k_3	-0.6124	-0.6071	-0.6423	-0.7112	-0.7642	-0.7255	-0.4881	-0.5000	-0.5
	k_4	7.20	-2.40	-38.88	-21.60	-19.20	4.80	-14.40	0	0

续表 C.0.1

t (mm)	常数	四边支撑:b/a								两边支撑
		1.00	1.25	1.50	1.75	2.00	2.25	3.00	5.00	
6	k_1	2990.8	2637.2	2511.3	2546.6	2602.4	2241.4	1301.2	1276.2	1139.7
	k_2	0.220697	0.176558	0.176558	0.264836	0.353115	0.264836	-0.264840	0	0
	k_3	-0.6124	-0.6071	-0.6423	-0.7112	-0.7642	-0.7255	-0.4881	-0.5000	-0.5
	k_4	8.70	-2.90	-46.98	-26.10	-23.20	5.80	-17.40	0	0
8	k_1	3843.7	3390.2	3222.3	3255.6	3317.7	2863.4	1683.3	1649.9	1473.4
	k_2	0.209295	0.167436	0.167436	0.251154	0.334872	0.251154	-0.251150	0	0
	k_3	-0.6124	-0.6071	-0.6423	-0.7112	-0.7642	-0.7255	-0.4881	-0.5000	-0.5
	k_4	11.55	-3.85	-62.37	-34.65	-30.8	7.7	-23.1	0	0
10	k_1	4709.2	4154.6	3942.6	3970.9	4036.8	3490.2	2074.0	2031.8	1814.4
	k_2	0.200004	0.160003	0.160003	0.240005	0.320006	0.240005	-0.240000	0	0
	k_3	-0.6124	-0.6071	-0.6423	-0.7112	-0.7642	-0.7255	-0.4881	-0.5000	-0.5
	k_4	14.55	-4.85	-78.57	-43.65	-38.8	9.7	-29.1	0	0
12	k_1	5548.0	4895.6	4639.5	4660.5	4728.2	4094.0	2455.2	2404.1	2146.9
	k_2	0.192461	0.153969	0.153969	0.230953	0.307937	0.230953	-0.230950	0	0
	k_3	-0.6124	-0.6071	-0.6423	-0.7112	-0.7642	-0.7255	-0.4881	-0.5000	-0.5
	k_4	17.55	-5.85	-94.77	-52.65	-46.80	11.70	-35.10	0	0

C.0.2 贴膜中空玻璃中的单片钢化玻璃 k_1、k_2、k_3 和 k_4 应按表 C.0.2 取值。

表 C.0.2 贴膜中空玻璃中的单片钢化玻璃的抗风压设计计算参数

t (mm)	常数	四边支撑：b/a								两边支撑
		1.00	1.25	1.50	1.75	2.00	2.25	3.00	5.00	
4	k_1	3594.2	3152.6	3108.6	3374.9	3634.8	3012.9	1382.5	1372.1	1225.3
	k_2	0.594280	0.475424	0.475424	0.713136	0.950848	0.713136	-0.100000	0	0
	k_3	-0.6124	-0.6071	-0.6423	-0.7112	-0.7642	-0.7255	-0.4881	-0.5000	-0.5
	k_4	5.70	-1.90	-30.78	-17.10	-15.20	3.80	-11.40	0	0
5	k_1	4429.2	3885.9	3826.2	4142.5	4452.0	3696.0	1712.3	1698.5	1516.8
	k_2	0.570780	0.456624	0.456624	0.684935	0.913247	0.684935	-0.100000	0	0
	k_3	-0.6124	-0.6071	-0.6423	-0.7112	-0.7642	-0.7255	-0.4881	-0.5000	-0.5
	k_4	7.20	-2.40	-38.88	-21.60	-19.20	4.80	-14.40	0	0
6	k_1	5241.9	4599.7	4523.7	4886.2	5241.8	4357.5	2035.1	2017.9	1801.9
	k_2	0.551743	0.441394	0.441394	0.662091	0.882788	0.662091	-0.100000	0	0
	k_3	-0.6124	-0.6071	-0.6423	-0.7112	-0.7642	-0.7255	-0.4881	-0.5000	-0.5
	k_4	8.70	-2.90	-46.98	-26.10	-23.20	5.80	-17.40	0	0
8	k_1	6736.6	5913.0	5804.5	6246.7	6682.5	5566.5	2632.7	2608.8	2329.6
	k_2	0.523238	0.418590	0.418590	0.627885	0.837180	0.627885	-0.100000	0	0
	k_3	-0.6124	-0.6071	-0.6423	-0.7112	-0.7642	-0.7255	-0.4881	-0.5000	-0.5
	k_4	11.55	-3.85	-62.37	-34.65	-30.80	7.70	-23.10	0	0

续表 C.0.2

t (mm)	常数	四边支撑:b/a								两边支撑
		1.00	1.25	1.50	1.75	2.00	2.25	3.00	5.00	
10	k_1	8253.7	7246.3	7101.9	7619.1	8131.1	6785.1	3243.8	3212.6	2868.8
	k_2	0.500010	0.400008	0.400008	0.600012	0.800016	0.600012	-0.100000	0	0
	k_3	-0.6124	-0.6071	-0.6423	-0.7112	-0.7642	-0.7255	-0.4881	-0.5000	-0.5
	k_4	14.55	-4.85	-78.57	-43.65	-38.80	9.70	-29.10	0	0
12	k_1	9723.8	8538.8	8357.3	8942.2	9523.6	7959.0	3839.9	3801.2	3394.5
	k_2	0.481152	0.384922	0.384922	0.577382	0.769843	0.577382	-0.100000	0	0
	k_3	-0.6124	-0.6071	-0.6423	-0.7112	-0.7642	-0.7255	-0.4881	-0.5000	-0.5
	k_4	17.55	-5.85	-94.77	-52.65	-46.80	11.70	-35.10	0	0

C.0.3 贴膜中空玻璃中的单片半钢化玻璃 k_1、k_2、k_3 和 k_4 应按表 C.0.3 取值。

表 C.0.3 贴膜中空玻璃中的单片半钢化玻璃抗风压设计计算参数

t (mm)	常数	四边支撑:b/a								两边支撑
		1.00	1.25	1.50	1.75	2.00	2.25	3.00	5.00	
3	k_1	2078.2	1826.7	1776.3	1876.6	1979.1	1665.8	839.7	829.4	740.7
	k_2	0.40	0.32	0.32	0.48	0.64	0.48	-0.10	0	0
	k_3	-0.6124	-0.6071	-0.6423	-0.7112	-0.7642	-0.7255	-0.4881	-0.5000	-0.5
	k_4	4.2	-1.4	-22.68	-12.6	-11.2	2.8	-8.4	0	0

续表 C.0.3

t (mm)	常数	四边支撑:b/a								两边支撑
		1.00	1.25	1.50	1.75	2.00	2.25	3.00	5.00	
4	k_1	2734.6	2404.4	2333.9	2457.1	2584.4	2179.6	1111.9	1097.7	980.2
	k_2	0.380339	0.304271	0.304271	0.456407	0.608543	0.456407	-0.100000	0	0
	k_3	-0.6124	-0.6071	-0.6423	-0.7112	-0.7642	-0.7255	-0.4881	-0.5000	-0.5
	k_4	5.70	-1.90	-30.78	-17.10	-15.20	3.80	-11.40	0	0
5	k_1	3370.0	2963.6	2872.6	3015.9	3165.4	2673.7	1377.1	1358.8	1213.4
	k_2	0.365299	0.292239	0.292239	0.438359	0.584478	0.438359	-0.100000	0	0
	k_3	-0.6124	-0.6071	-0.6423	-0.7112	-0.7642	-0.7255	-0.4881	-0.5000	-0.5
	k_4	7.20	-2.40	-38.88	-21.60	-19.20	4.80	-14.40	0	0
6	k_1	3988.4	3508.0	3396.3	3557.3	3727.0	3152.2	1636.7	1614.3	1441.6
	k_2	0.353115	0.282492	0.282492	0.423738	0.564985	0.423738	-0.100000	0	0
	k_3	-0.6124	-0.6071	-0.6423	-0.7112	-0.7642	-0.7255	-0.4881	-0.5000	-0.5
	k_4	8.70	-2.90	-46.98	-26.10	-23.20	5.80	-17.40	0	0
8	k_1	5125.6	4509.6	4357.8	4547.8	4751.4	4026.9	2117.3	2087.0	1863.7
	k_2	0.334872	0.267898	0.267898	0.401847	0.535796	0.401847	-0.100000	0	0
	k_3	-0.6124	-0.6071	-0.6423	-0.7112	-0.7642	-0.7255	-0.4881	-0.5000	-0.5
	k_4	11.55	-3.85	-62.37	-34.65	-30.80	7.70	-23.10	0	0

续表 C.0.3

t (mm)	常数	四边支撑:b/a								两边支撑
		1.00	1.25	1.50	1.75	2.00	2.25	3.00	5.00	
10	k_1	6279.9	5526.5	5331.9	5547.0	5781.4	4908.4	2608.8	2570.1	2295.1
	k_2	0.320006	0.256005	0.256005	0.384008	0.51201	0.384008	-0.100000	0	0
	k_3	-0.6124	-0.6071	-0.6423	-0.7112	-0.7642	-0.7255	-0.4881	-0.5000	-0.5
	k_4	14.55	-4.85	-78.57	-43.65	-38.80	9.70	-29.10	0	0
12	k_1	7398.5	6512.2	6274.4	6510.3	6771.5	5757.6	3088.2	3041.0	2715.6
	k_2	0.307937	0.24635	0.24635	0.369525	0.4927	0.369525	-0.100000	0	0
	k_3	-0.6124	-0.6071	-0.6423	-0.7112	-0.7642	-0.7255	-0.4881	-0.5000	-0.5
	k_4	17.55	-5.85	-94.77	-52.65	-46.80	11.70	-35.10	0	0

C.0.4 贴膜中空玻璃的 k_5、k_6、k_7 和 k_8 应按表 C.0.4 取值。

表 C.0.4 贴膜中空玻璃的抗风压设计计算参数

常数	四边支撑:b/a								两边支撑
	1.00	1.25	1.50	1.75	2.00	2.25	3.00	5.00	
k_5	603.79	459.45	350.14	291.45	261.60	222.19	204.68	197.89	195.45
k_6	-0.10	-0.10	-0.15	-0.15	-0.10	-0.10	-0.10	0	0
k_7	-0.5247	-0.5022	-0.4503	-0.4149	-0.3970	-0.3556	-0.3335	-0.3320	-0.3333
k_8	1.64	2.06	1.29	0.95	1.10	0.29	-0.05	0.03	0

附录 D 贴膜中空玻璃板中心温度和 边框温度的计算方法

D.0.1 贴膜中空玻璃中心温度 T_o 应按下列公式计算：

1 当空气层厚为 6mm 时

$$T_{co} = I_0(4.11A_o + 2.01A_i) \times 10^{-3} + 0.788t_o + 0.212t_i$$

$$(D.0.1\text{-}1)$$

$$T_{ci} = I_0(2.01A_o + 5.75A_i) \times 10^{-3} + 0.394t_o + 0.606t_i$$

$$(D.0.1\text{-}2)$$

2 当空气层厚为 9mm 时

$$T_{co} = I_0(4.08A_o + 1.89A_i) \times 10^{-3} + 0.801t_o + 0.199t_i$$

$$(D.0.1\text{-}3)$$

$$T_{ci} = I_0(1.89A_o + 5.97A_i) \times 10^{-3} + 0.370t_o + 0.630t_i$$

$$(D.0.1\text{-}4)$$

3 当空气层厚为 12mm 时

$$T_{co} = I_0(4.17A_o + 1.74A_i) \times 10^{-3} + 0.817t_o + 0.183t_i$$

$$(D.0.1\text{-}5)$$

$$T_{ci} = I_0(1.74A_o + 6.25A_i) \times 10^{-3} + 0.340t_o + 0.660t_i$$

$$(D.0.1\text{-}6)$$

4 以上公式中 A_o、A_i 应分别按下式计算：

$$A_o = a_o[1 + \tau_o \cdot r_i/(1 - r_o \cdot r_i)] \qquad (D.0.1\text{-}7)$$

$$A_i = a_i \cdot \tau_o/(1 - r_o \cdot r_i) \qquad (D.0.1\text{-}8)$$

式中：r_o——室外侧玻璃反射率；

r_i——室内侧玻璃反射率。

D.0.2 装配贴膜中空玻璃板边框温度 T_s 应按下列公式计算：

$$T_s = 0.65t_o + 0.35t_i \qquad (D.0.2)$$

式中：t_o——室外温度（℃）；

t_i——室内温度（℃）。

D. 0. 3　计算贴膜中空玻璃中部温度 T_c 和边框温度 T_s 时，应选用所需的气象参数和玻璃参数。

D. 0. 4　室外温度，夏季时应取 10 年内最低温度值，室内温度 t_i 应取室内设定的温度值，可取冬季为 20℃，夏季为 25℃。

D. 0. 5　贴膜中空玻璃的光学性能应根据其产品说明确定。

附录 E 贴膜中空玻璃节点断面示意图

E. 0. 1 单空腔双片贴膜中空玻璃示意图如图 E. 0. 1 所示。

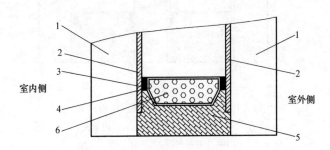

图 E. 0. 1 单空腔双片贴膜中空玻璃

1—玻璃；2—功能膜；3—间隔框；4—内道密封胶；

5—外道密封胶；6—分子筛

E. 0. 2 单空腔单片贴膜中空玻璃示意图如图 E. 0. 2 所示。

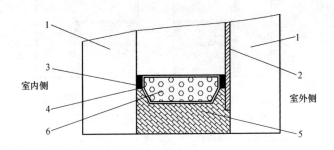

图 E. 0. 2 单空腔单片贴膜中空玻璃

1—玻璃；2—功能膜；3—间隔框；4—内道密封胶；

5—外道密封胶；6—分子筛

E. 0. 3 双空腔三片贴膜中空玻璃示意图如图 E. 0. 3-1、图 E. 0. 3-2 所示。

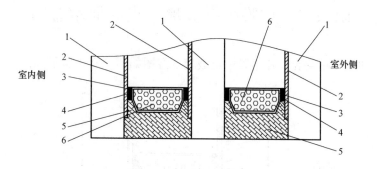

图 E. 0. 3-1 双空腔三片贴膜中空玻璃

1—玻璃；2—功能膜；3—间隔框；4—内道密封胶；

5—外道密封胶；6—分子筛

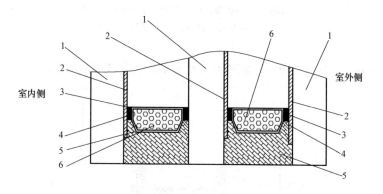

图 E. 0. 3-2 双空腔三片贴膜中空玻璃

1—玻璃；2—功能膜；3—间隔框；4—内道密封胶；

5—外道密封胶；6—分子筛

E. 0. 4 双空腔双片贴膜中空玻璃示意图如图 E. 0. 4 所示。

E. 0. 5 双空腔单片贴膜中空玻璃示意图如图 E. 0. 5 所示。

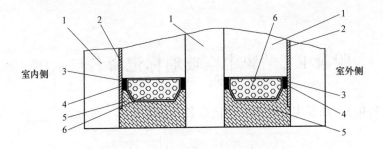

图 E.0.4　双空腔双片贴膜中空玻璃

1—玻璃；2—功能膜；3—间隔框；4—内道密封胶；

5—外道密封胶；6—分子筛

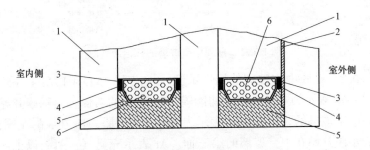

图 E.0.5　双空腔单片贴膜中空玻璃

1—玻璃；2—功能膜；3—间隔框；4—内道密封胶；5—外道密封胶；6—分子筛

附录 F 贴膜中空玻璃标记命名与示例

F.0.1 贴膜中空玻璃的标记命名，如图 F.0.1 所示。

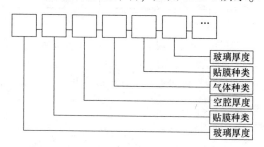

图 F.0.1 贴膜中空玻璃的标记命名图

F.0.2 贴膜中空玻璃的标记示例。标记为"5Ta + 12Ar + Tb5"时，Ta 表示为贴 a 类安全功能膜，Ta 在 5 的右侧，表示膜片贴在中空玻璃的第二面；Tb 表示为贴 b 类安全膜，Tb 在 5 的左侧，表示膜片贴在中空玻璃的第三面。Ar 表示充氩气。两腔以上贴膜中空玻璃的标记依次类推，如图 F.0.2 所示。

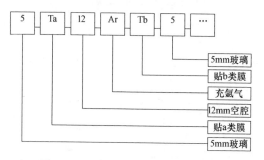

图 F.0.2 贴膜中空玻璃的标记示例

附录 G 典型贴膜中空玻璃系统的光学和热工参数

G.0.1 在没有精确计算的情况下，以下数值可作为贴膜中空玻璃系统光学热工参数的近似值。

表 G.0.1 典型贴膜中空玻璃系统的光学和热工参数
（室外侧贴功能膜，室内侧玻璃选贴透明安全膜或不贴膜）

贴膜中空玻璃品种及规格	可见光透射比	太阳得热系数	中部传热系数 $K_g[\mathrm{W/(m^2 \cdot K)}]$	
			空气（A）	氩气（Ar）
6Tl + 12A(Ar) + Tb6(t)	0.24	0.26	2.43	2.20
6Tl + 12A(Ar) + Tb6(t)	0.34	0.26	2.49	2.26
6Tl + 12A(Ar) + Tb6(t)	0.37	0.30	2.49	2.26
6Tl + 12A(Ar) + Tb6(t)	0.39	0.34	2.43	2.20
6Tm + 12A(Ar) + Tb6(t)	0.45	0.39	1.96	1.64
6Tm + 12A(Ar) + Tb6(t)	0.47	0.30	1.96	1.64
6Tm + 12A(Ar) + Tb6(t)	0.50	0.35	1.96	1.64
6Tm + 12A(Ar) + Tb6(t)	0.52	0.45	1.96	1.64
6Th + 12A(Ar) + Tb6(t)	0.61	0.36	1.79	1.46
6Th + 12A(Ar) + Tb6(t)	0.69	0.42	1.79	1.46

注1：T-玻璃贴膜，l-低透光（low），m-中透光（medium），h-高透光（high），t-透明玻璃（transparent），A-空气，Ar-氩气，Ta-贴 a 类安全功能膜，Tb-贴 b 类透明安全膜。

注2：室内侧玻璃根据设计要求选贴或不贴安全膜。安全膜的传热和遮阳系数不变。

示例：6Tl + 12A + 6。6mm 玻璃贴低透光膜 + 12mm 空气层 + 6mm 透明玻璃。

示例：6Tl + 12Ar + Tb6。6mm 玻璃贴低透光膜 + 12mm 氩气层 + 6mm 玻璃贴安全膜。

注3：可见光透射比 0.40 以下为低透光，0.40~0.60 为中透光，0.60 以上为高透光。

表 G.0.2 典型贴膜中空玻璃系统的光学和热工参数
（中空空腔内双面贴安全功能膜）

贴膜中空玻璃 品种及规格	可见光 透射比	太阳得热 系数	中部 传热系数 K_g [W/(m² · K)]	
			空气(A)	氩气(Ar)
6Tl + 12A(Ar) + Ta6	0.35	0.32	2.43	2.20
6Tm + 12A(Ar) + Ta6	0.47	0.42	1.96	1.64
6Tm + 12A(Ar) + Ta6	0.41	0.36	1.96	1.64
6Tm + 12A(Ar) + Ta6	0.41	0.29	1.96	1.64
6Tm + 12A(Ar) + Ta6	0.44	0.33	1.96	1.64
6Tm + 12A(Ar) + Ta6	0.53	0.34	1.79	1.46
6Th + 12A(Ar) + Ta6	0.60	0.39	1.79	1.46
6Th + 12A(Ar) + Ta6	0.63	0.43	1.79	1.46
6Th + 12A(Ar) + Ta6	0.62	0.41	1.79	1.46
6Th + 12A(Ar) + Ta6	0.61	0.41	1.79	1.46

注1：T-玻璃贴膜，l-低透光（low），m-中透光（medium），h-高透光（high），t-
　　透明玻璃（transparent），A-空气，Ar-氩气，Ta-贴 a 类安全功能膜。

示例：6Th + 12Ar + Ta6t。6mm 玻璃贴高透光安全功能膜 + 12mm 氩气层 + 6mm
　　玻璃贴安全功能膜。

注2：可见光透射比 0.40 以下为低透光，0.40-0.60 为中透光，0.60 以上为高
　　透光。

H.0.1-1 金属型材—6Ta+12A（Ar）+Tb6（t）

（室外侧贴功能膜，室内侧贴透明安全膜或不贴膜）

贴膜中空玻璃品种及规格（mm）	可见光透射比	太阳得热系数	玻璃中部传热系数 K_g [W/(m²·K)]		K_w 窗传热系数 K_w [W/(m²·K)]（忽略中空玻璃与金属框结合的线导热系数影响）								
					非隔热金属型材 K_f=5.9 框厚度 50mm 及以上 框面积 20%		隔热铝合金型材 K_f=3.2 带隔热断桥宽 PA-14.8mm 框面积 20%		隔热铝合金型材 K_f=2.7 带隔热断桥宽 PA-20.0mm 框面积 20%			
			空气（A）	氩气（Ar）	空气（A）	氩气（Ar）	空气（A）	氩气（Ar）	空气（A）	氩气（Ar）		
6Tl+12A(Ar)+Tb6(t)	0.24	0.26	2.43	2.20	3.12	2.94	2.58	2.40	2.48	2.30		
6Tl+12A(Ar)+Tb6(t)	0.34	0.26	2.49	2.26	3.17	2.99	2.63	2.45	2.53	2.35		
6Tl+12A(Ar)+Tb6(t)	0.37	0.30	2.49	2.26	3.17	2.99	2.63	2.45	2.53	2.35		
6Tl+12A(Ar)+Tb6(t)	0.39	0.34	2.43	2.20	3.12	2.94	2.58	2.40	2.48	2.30		
6Tm+12A(Ar)+Tb6(t)	0.45	0.39	1.96	1.65	2.75	2.50	2.21	1.95	2.11	1.85		
6Tm+12A(Ar)+Tb6(t)	0.47	0.30	1.96	1.65	2.75	2.50	2.21	1.95	2.11	1.85		
6Tm+12A(Ar)+Tb6(t)	0.50	0.35	1.96	1.65	2.75	2.50	2.21	1.95	2.11	1.85		
6Tm+12A(Ar)+Tb6(t)	0.52	0.45	1.96	1.65	2.75	2.50	2.21	1.95	2.11	1.85		
6Th+12A(Ar)+Tb6(t)	0.61	0.36	1.79	1.46	2.60	2.35	2.05	1.81	1.95	1.71		
6Th+12A(Ar)+Tb6(t)	0.69	0.42	1.79	1.46	2.60	2.35	2.05	1.81	1.95	1.71		

H.0.1-2 非金属型材—6Ta＋12A(Ar)＋Tb6(t)
（室外侧贴膜，室内侧玻璃选贴透明安全膜或不贴膜）

贴膜中空玻璃品种及规格（mm）	可见光透射比	太阳得热系数	玻璃中部传热系数 K_g [W/(m²·K)]		K_w 窗传热系数 K [W/(m²·K)]（忽略中空玻璃与金属框结合的线导热系数影响）					
					集成木型材 K_f=1.8 框平均厚度70mm 框面积30%		三腔结构塑料型材 带钢衬 K_f=2.2 框 厚度60mm 框面积30%		五腔结构塑料型材 带钢衬 K_f=1.8 框 厚度65~70mm 框面积30%	
			空气(A)	氩气(Ar)	空气(A)	氩气(Ar)	空气(A)	氩气(Ar)	空气(A)	氩气(Ar)
6Tl＋12A(Ar)＋Tb6(t)	0.24	0.26	2.43	2.20	2.24	2.08	2.36	2.20	2.24	2.08
6Tl＋12A(Ar)＋Tb6(t)	0.34	0.26	2.49	2.26	2.28	2.12	2.46	2.24	2.28	2.12
6Tl＋12A(Ar)＋Tb6(t)	0.37	0.30	2.49	2.26	2.28	2.12	2.46	2.24	2.28	2.12
6Tl＋12A(Ar)＋Tb6(t)	0.39	0.34	2.43	2.20	2.24	2.08	2.36	2.20	2.24	2.08
6Tm＋12A(Ar)＋Tb6(t)	0.45	0.39	1.96	1.65	1.91	1.69	2.03	1.81	1.91	1.69
6Tm＋12A(Ar)＋Tb6(t)	0.47	0.30	1.96	1.65	1.91	1.69	2.03	1.81	1.91	1.69
6Tm＋12A(Ar)＋Tb6(t)	0.50	0.35	1.96	1.65	1.91	1.69	2.03	1.81	1.91	1.69
6Tm＋12A(Ar)＋Tb6(t)	0.52	0.45	1.96	1.65	1.91	1.69	2.03	1.81	1.91	1.69
6Th＋12A(Ar)＋Tb6(t)	0.61	0.36	1.79	1.46	1.79	1.56	1.89	1.68	1.77	1.56
6Th＋12A(Ar)＋Tb6(t)	0.69	0.42	1.79	1.46	1.79	1.56	1.89	1.68	1.77	1.56

注：相同的空气层，玻璃厚度减少1mm，传热系数增加0.01；玻璃厚度增加1mm，传热系数减少0.01。

H.0.2-1 金属型材—6Ta+9A(Ar)+Tb6(t)
（室外侧贴功能膜，室内侧玻璃选贴透明安全膜或不贴膜）

贴膜中空玻璃品种及规格（mm）	可见光透射比	太阳得热系数	玻璃中部传热系数 K_g[W/(m²·K)]		K_w 窗传热系数 K[W/(m²·K)]（忽略中空玻璃与金属框结合的线导热系数影响）					
					非隔热金属型材 $K_f=5.9$ 框厚度50mm及以上 框面积20%		隔热铝合金型材 $K_f=3.2$ 带隔热断桥宽 PA-14.8mm 框面积20%		隔热铝合金型材 $K_f=2.7$ 带隔热断桥宽 PA-20.0mm 框面积20%	
			空气(A)	氩气(Ar)	空气(A)	氩气(Ar)	空气(A)	氩气(Ar)	空气(A)	氩气(Ar)
6Tl+9A(Ar)+Tb6(t)	0.24	0.26	2.63	2.36	3.28	3.07	2.74	2.53	2.64	2.43
6Tl+9A(Ar)+Tb6(t)	0.34	0.26	2.68	2.42	3.32	3.12	2.78	2.58	2.68	2.48
6Tl+9A(Ar)+Tb6(t)	0.37	0.30	2.68	2.42	3.32	3.12	2.78	2.58	2.68	2.48
6Tl+9A(Ar)+Tb6(t)	0.39	0.34	2.63	2.36	3.28	3.07	2.74	2.53	3.64	2.43
6Tm+9A(Ar)+Tb6(t)	0.45	0.39	2.23	1.87	2.96	2.81	2.42	2.14	2.32	2.04
6Tm+9A(Ar)+Tb6(t)	0.47	0.30	2.23	1.87	2.96	2.81	2.42	2.14	2.32	2.04
6Tm+9A(Ar)+Tb6(t)	0.50	0.35	2.23	1.87	2.96	2.81	2.42	2.14	2.32	2.04
6Tm+9A(Ar)+Tb6(t)	0.52	0.45	2.23	1.87	2.96	2.81	2.42	2.14	2.32	2.04
6Th+9A(Ar)+Tb6(t)	0.61	0.36	2.08	1.69	2.84	2.53	2.30	1.99	2.20	1.89
6Th+9A(Ar)+Tb6(t)	0.69	0.42	2.08	1.69	2.84	2.53	2.30	1.99	2.20	1.89

H.0.2-2 非金属型材—6Ta＋9A（Ar）＋Tb6（t）
（室外侧贴功能膜，室内侧贴透明安全膜或不贴膜）

贴膜中空玻璃品种及规格（mm）	可见光透射比	太阳得热系数	玻璃中部传热系数 K_g [W/(m²·K)]		K_w 窗传热系数 K [W/(m²·K)]（忽略中空玻璃与金属框结合的线导热系数影响）					
					集成木型材 K_f=1.8 框平均厚度70mm 框面积30%		三腔结构塑料型材带钢衬 K_f=2.2 框厚度60mm 框面积30%		五腔结构塑料型材带钢衬 K_f=1.8 框厚度65-70mm 框面积30%	
			空气（A）	氩气（Ar）	空气（A）	氩气（Ar）	空气（A）	氩气（Ar）	空气（A）	氩气（Ar）
6Tl＋9A（Ar）＋Tb（t）	0.24	0.26	2.63	2.36	2.38	2.19	2.50	2.31	2.38	2.19
6Tl＋9A（Ar）＋Tb（t）	0.34	0.26	2.68	2.42	2.42	2.23	2.52	2.35	2.42	2.23
6Tl＋9A（Ar）＋Tb（t）	0.37	0.30	2.68	2.42	2.42	2.23	2.52	2.35	2.42	2.23
6Tl＋9A（Ar）＋Tb（t）	0.39	0.34	2.63	2.36	2.38	2.19	2.50	2.31	2.38	2.19
6Tl＋9A（Ar）＋Tb（t）	0.45	0.39	2.23	1.87	2.10	1.85	2.22	1.97	2.10	1.85
6Tm＋9A（Ar）＋Tb（t）	0.47	0.30	2.23	1.87	2.10	1.85	2.22	1.97	2.10	1.85
6Tm＋9A（Ar）＋Tb（t）	0.50	0.35	2.23	1.87	2.10	1.85	2.22	1.97	2.10	1.85
6Tm＋9A（Ar）＋Tb（t）	0.52	0.45	2.23	1.87	2.10	1.85	2.22	1.97	2.10	1.85
6Th＋9A（Ar）＋Tb（t）	0.61	0.36	2.08	1.69	2.00	1.72	2.12	1.84	2.00	1.72
6Th＋9A（Ar）＋Tb（t）	0.69	0.42	2.08	1.69	2.00	1.72	2.12	1.84	2.00	1.72

注：相同的空气层，玻璃厚度减少1mm，传热系数增加0.01；玻璃厚度增加1mm，传热系数减少0.01。

H.0.3-1 金属型材—6Ta+12A(Ar)+Ta6（中空空腔内双面贴安全功能膜）

贴膜中空玻璃品种及规格（mm）	可见光透射比	太阳得热系数	玻璃中部传热系数 K_g[W/(m²·K)]		K_w 窗传热系数 K[W/(m²·K)]（忽略中空玻璃框与金属框结合的线导热系数影响）					
					非隔热金属型材 K_f=5.9 框厚度50mm及以上 框面积20%		隔热铝合金型材 K_f=3.2 带隔热断桥宽 PA-14.8mm 框面积20%		隔热铝合金型材 K_f=2.7 带隔热断桥宽 PA-20.0mm 框面积20%	
			空气(A)	氩气(Ar)	空气(A)	氩气(Ar)	空气(A)	氩气(Ar)	空气(A)	氩气(Ar)
6Tl+12A(Ar)+Ta6	0.35	0.32	2.43	2.20	3.12	2.94	2.58	2.40	2.48	2.30
6Tm+12A(Ar)+Ta6	0.47	0.42	1.96	1.64	2.75	2.50	2.21	1.95	2.11	1.85
6Tm+12A(Ar)+Ta6	0.41	0.36	1.96	1.64	2.75	2.50	2.21	1.95	2.11	1.85
6Tm+12A(Ar)+Ta6	0.41	0.29	1.96	1.64	2.75	2.50	2.21	1.95	2.11	1.85
6Tm+12A(Ar)+Ta6	0.44	0.33	1.96	1.64	2.75	2.50	2.21	1.95	2.11	1.85
6Tm+12A(Ar)+Ta6	0.53	0.34	1.79	1.46	2.60	2.35	2.05	1.81	1.95	1.71
6Th+12A(Ar)+Ta6	0.60	0.39	1.79	1.46	2.60	2.35	2.05	1.81	1.95	1.71
6Th+12A(Ar)+Ta6	0.63	0.43	1.79	1.46	2.60	2.35	2.05	1.81	1.95	1.71
6Th+12A(Ar)+Ta6	0.62	0.41	1.79	1.46	2.60	2.35	2.05	1.81	1.95	1.71
6Th+12A(Ar)+Ta6	0.61	0.41	1.79	1.46	2.60	2.35	2.05	1.81	1.95	1.71

H.0.3-2 非金属型材—6Ta+12A(Ar)+Ta6
（中空空腔内双面贴安全功能膜）

贴膜中空玻璃品种及规格（mm）	可见光透射比	太阳得热系数	玻璃中部传热系数 K_g[W/(m²·K)]		K_w 窗传热系数 K[W/(m²·K)]（忽略中空玻璃框与金属框结合的线导热系数影响）					
					集成木型材 $K_f=1.8$ 框平均厚度70mm 框面积30%		三腔结构塑料型材 $K_f=2.2$ 带钢衬 框厚度60mm 框面积30%		五腔结构塑料型材 $K_f=1.8$框 带钢衬 厚度65-70mm 框面积30%	
			空气(A)	氩气(Ar)	空气(A)	氩气(Ar)	空气(A)	氩气(Ar)	空气(A)	氩气(Ar)
6Tl+12A(Ar)+Ta6	0.35	0.32	2.43	2.20	2.24	2.08	2.36	2.20	2.24	2.08
6Tm+12A(Ar)+Ta6	0.47	0.42	1.96	1.64	1.91	1.69	2.03	1.81	1.91	1.69
6Tm+12A(Ar)+Ta6	0.41	0.36	1.96	1.64	1.91	1.69	2.03	1.81	1.91	1.69
6Tm+12A(Ar)+Ta6	0.41	0.29	1.96	1.64	1.91	1.69	2.03	1.81	1.91	1.69
6Tm+12A(Ar)+Ta6	0.44	0.33	1.96	1.64	1.91	1.69	2.03	1.81	1.91	1.69
6Tm+12A(Ar)+Ta6	0.53	0.34	1.79	1.46	1.79	1.56	1.89	1.68	1.77	1.56
6Th+12A(Ar)+Ta6	0.60	0.39	1.79	1.46	1.79	1.56	1.89	1.68	1.77	1.56
6Th+12A(Ar)+Ta6	0.63	0.43	1.79	1.46	1.79	1.56	1.89	1.68	1.77	1.56
6Th+12A(Ar)+Ta6	0.62	0.41	1.79	1.46	1.79	1.56	1.89	1.68	1.77	1.56
6Th+12A(Ar)+Ta6	0.61	0.41	1.79	1.46	1.79	1.56	1.89	1.68	1.77	1.56

注：相同的空气层，玻璃厚度增加1mm，传热系数增加0.01；玻璃厚度减少1mm，传热系数减少0.01。

H.0.4-1 金属型材—6Ta+9A(Ar)+Ta6
（中空空腔内面双面贴安全功能膜）

贴膜中空玻璃品种及规格（mm）	可见光透射比	太阳得热系数	玻璃中部传热系数 K_g [W/(m²·K)]		K_w 窗传热系数 K [W/(m²·K)]（忽略中空玻璃框结合的线导热系数影响）					
					非隔热金属型材 $K_f=5.9$ 框厚度50mm及以上 框面积20%		隔热铝合金型材 $K_f=3.2$ 带隔热断桥宽 PA-14.8mm 框面积20%		隔热铝合金型材 $K_f=2.7$ 带隔热断桥宽 PA-20.0mm 框面积20%	
			空气(A)	氩气(Ar)	空气(A)	氩气(Ar)	空气(A)	氩气(Ar)	空气(A)	氩气(Ar)
6Tl+9A(Ar)+Ta6	0.35	0.32	2.63	2.36	3.28	3.07	2.74	2.53	2.64	2.43
6Tm+9A(Ar)+Ta6	0.47	0.42	2.23	1.87	2.96	2.81	2.42	2.14	2.32	2.04
6Tm+9A(Ar)+Ta6	0.41	0.36	2.23	1.87	2.96	2.81	2.42	2.14	2.32	2.04
6Tm+9A(Ar)+Ta6	0.41	0.29	2.23	1.87	2.96	2.81	2.42	2.14	2.32	2.04
6Tm+9A(Ar)+Ta6	0.44	0.33	2.23	1.87	2.96	2.81	2.42	2.14	2.32	2.04
6Tm+9A(Ar)+Ta6	0.53	0.34	2.08	1.69	2.84	2.53	2.30	1.99	2.20	1.89
6Th+9A(Ar)+Ta6	0.60	0.39	2.08	1.69	2.84	2.53	2.30	1.99	2.20	1.89
6Th+9A(Ar)+Ta6	0.63	0.43	2.08	1.69	2.84	2.53	2.30	1.99	2.20	1.89
6Th+9A(Ar)+Ta6	0.62	0.41	2.08	1.69	2.84	2.53	2.30	1.99	2.20	1.89
6Th+9A(Ar)+Ta6	0.61	0.41	2.08	1.69	2.84	2.53	2.30	1.99	2.20	1.89

H.0.4-2 非金属型材—6Ta＋9A（Ar）＋Ta6（中空空腔内双面贴内安全功能膜）

贴膜中空玻璃品种及规格（mm）	可见光透射比	太阳得热系数	K_w 窗传热系数 $K[W/（m^2·K）]$（忽略中空玻璃与金属框结合的线导热系数影响）							
			玻璃中部传热系数 $K_g[W/（m^2·K）]$		集成木型材 $K_f=1.8$ 框平均厚度70mm 框面积30%		三腔结构塑料型材 带钢衬 $K_f=2.2$ 框厚度60mm 框面积30%		五腔结构塑料型材 带钢衬 $K_f=1.8$ 框厚度65-70mm 框面积30%	
			空气（A）	氩气（Ar）	空气（A）	氩气（Ar）	空气（A）	氩气（Ar）	空气（A）	氩气（Ar）
6Tl＋9A（Ar）＋Ta6	0.35	0.32	2.63	2.36	2.38	2.19	2.50	2.31	2.38	2.19
6Tm＋9A（Ar）＋Ta6	0.47	0.42	2.23	1.87	2.10	1.85	2.22	1.97	2.10	1.85
6Tm＋9A（Ar）＋Ta6	0.41	0.36	2.23	1.87	2.10	1.85	2.22	1.97	2.10	1.85
6Tm＋9A（Ar）＋Ta6	0.41	0.29	2.23	1.87	2.10	1.85	2.22	1.97	2.10	1.85
6Tm＋9A（Ar）＋Ta6	0.44	0.33	2.23	1.87	2.10	1.85	2.22	1.97	2.10	1.85
6Tm＋9A（Ar）＋Ta6	0.53	0.34	2.08	1.69	2.00	1.72	2.12	1.84	2.00	1.72
6Th＋9A（Ar）＋Ta6	0.60	0.39	2.08	1.69	2.00	1.72	2.12	1.84	2.00	1.72
6Th＋9A（Ar）＋Ta6	0.63	0.43	2.08	1.69	2.00	1.72	2.12	1.84	2.00	1.72
6Th＋9A（Ar）＋Ta6	0.62	0.41	2.08	1.69	2.00	1.72	2.12	1.84	2.00	1.72
6Th＋9A（Ar）＋Ta6	0.61	0.41	2.08	1.69	2.00	1.72	2.12	1.84	2.00	1.72

注：相同的空气层，传热系数减少1mm，传热系数增加0.01；玻璃厚度增加1mm，传热系数减少0.01。

本规程用词说明

1 为便于在执行本规程条文时区别对待，对要求严格程度不同的用词说明如下：

　　1）表示很严格，非这样做不可的：

　　　　正面词采用"必须"；

　　　　反面词采用"严禁"。

　　2）表示严格，在正常情况下均应这样做的：

　　　　正面词采用"应"

　　　　反面词采用"不应"或"不得"

　　3）表示允许稍有选择，在条件许可时首先应这样做的：

　　　　正面词采用"宜"

　　　　反面词采用"不宜"

　　4）表示有选择，在一定条件下可以这样做的，采用"可"。

2 条文中指明应按其他有关标准执行的写法为："应符合……的规定"或"应按……执行"。

引用标准名录

1 《建筑结构荷载规范》GB 50009

2 《建筑工程施工质量验收统一标准》GB 50300

3 《建筑节能工程施工质量验收规范》GB 50411

4 《建筑玻璃 可见光透射比、太阳光直接透射比、太阳能总透射比、紫外线透射比及有关窗玻璃参数的测定》GB/T 2680

5 《平板玻璃》GB 11614

6 《中空玻璃》GB/T 11944

7 《塑料门窗用密封条》GB 12002

8 《硅酮和改性硅酮建筑密封胶》GB/T 14683

9 《建筑用安全玻璃 第2部分：钢化玻璃》GB 15763.2

10 《建筑用安全玻璃 第4部分：均质钢化玻璃》GB 15763.4

11 《建筑用硅酮结构密封胶》GB 16776

12 《半钢化玻璃》GB 17841

13 《建筑门窗、幕墙用密封胶条》GB/T 24498

14 《建筑玻璃用功能膜》GB/T 29061

15 《玻璃幕墙工程技术规范》JGJ 102

16 《聚氨酯建筑密封胶》JC/T 482

17 《丙烯酸酯建筑密封胶》JC/T 484

18 《建筑窗用弹性密封胶》JC/T 485

19 《幕墙玻璃接缝用密封胶》JC/T 882

20 《中空玻璃间隔条 第一部分：铝间隔条》JC/T 2069

21 《超白浮法玻璃》JC/T 2128

22 《建筑门窗幕墙用钢化玻璃》JG/T 455

23 《建筑门窗幕墙用中空玻璃弹性密封胶》JG/T 471

24 《建筑幕墙用硅酮结构密封胶》JG/T 475

25 《贴膜中空玻璃》DB 52/T 790

中华人民共和国工程建设地方标准

贴膜中空玻璃应用技术规程

DBJ 52/T 094-2019

条 文 说 明

编 制 说 明

　　建筑玻璃幕墙的大面积使用，带来了众多隐患，高层建筑玻璃幕墙使用安全玻璃问题，是城市建设与管理中一个值得重视的问题，其安全的主要担心是玻璃破碎高空坠落伤人损物。

　　钢化玻璃自爆率通常在 0.3‰ ~ 8‰ 之间（超白玻璃和均质钢化玻璃仍然消除不了自爆），其破坏是无先兆的。虽然钢化玻璃具备较高强度和其破坏形态为钝角小颗粒这两个安全因素，但不具备防破碎散落性这一对高层建筑玻璃幕墙及外窗而言关键性的安全因素，因此而带来的不安全后果是：钢化玻璃破碎后的大群呈钝角的碎片，从高空散落而下，同样伤人。其中的罪魁祸首便是自由落体的重力加速度。所以，对高层建筑玻璃幕墙及外窗的玻璃是否安全，最重要的是不破坏以及破坏后碎片不散落。不论何种形态的玻璃碎片，从高层建筑上散落而下，都是危险的甚至是致命的。

　　因此，防止建筑玻璃破碎后飞散坠落，消除这一危及到人的生命和财产安全的高空炸弹，已经是到了刻不容缓地步。

　　贴膜中空玻璃是贵州省历时十年自主研发的新型建筑玻璃产品。2010 年以来，研发课题组进行了建筑幕墙和门窗用中空贴膜安全玻璃开发与应用项目研究，认真收集、整理、分析、研究国内外相关技术资料及相关标准，来确定研发的主要技术内容、产品的核心技术指标以及试验方法。完成了膜片力学性能、耐老化性能、硅酮结构胶与膜片粘结强度、拉伸强度、降噪、抗风压性能等主控项目的功能验证，以及形成贴膜中空玻璃后的尺寸偏差、外观质量、露点、耐紫外线辐照性能、水气密封耐久性能、U 值、光学性能等检测，达到绿色材料关于节约资源、降耗减排、便利、安全、可循环的要求。原贵州省质量技术监督局

2018 年 11 月 2 日发布的产品地方标准《贴膜中空玻璃》DB 52/T 790 2018 已于 2019 年 1 月 31 日实施。

贴膜中空玻璃在玻璃深加工环节以贴覆安全功能膜的工艺方式改变玻璃的光学和热工性能，其工艺流程简单、方便、高效。贴膜后的玻璃具有防冲击、防飞溅、防坠落、质量轻的特点。防止了建筑幕墙和门窗玻璃破碎后"不定时"飞散坠落而造成生命财产的损失。

2013 年省科技厅主持成果鉴定为：国内先进；2015 年获贵州省住建厅节能产品备案推广证；2015 年贵州省经信委通过新材料新技术鉴定；2016 年贵州省绿色经济"四型"产业发展引导目录；2017 年贵州省"十三五"新型建筑建材业发展规划。

推出贵州原创开发的节能产品，符合国家的绿色低碳经济发展的要求，也有利于我省建筑玻璃和门窗幕墙行业的发展，推广使用的意义重大。

为便于广大设计、施工、科研、学校等单位的有关人员在使用本规程时能正确理解和执行条文规定，《贴膜中空玻璃应用技术规程》编制组按章、节、条顺序编制了本规程的条文说明，对条文规定的目的、依据以及执行中需要注意的有关事项进行说明。但是，本条文说明不具备与标准正文同等的法律效力，仅供使用者作为理解和把握标准规定的参考。

目　　次

1 总　则

1.0.1 贴膜中空玻璃为我省自主研发的新型节材节能的建筑玻璃安全产品，通过贴覆建筑玻璃用功能膜防止了建筑门窗和幕墙玻璃破碎后飞散坠落，改变了玻璃的热工性能、光学性能。在符合并达到国家的相关建筑门窗及幕墙玻璃的节能设计规范和相关标准的要求的同时，有效地解决了建筑门窗和幕墙玻璃破碎后即时飞散坠落而产生的建筑安全问题。

1.0.2 本条规定了本规程的适用范围。

1.0.3 建筑玻璃用功能膜在玻璃材料破损时仍能保持玻璃碎片的整体性，而将高空钢化玻璃破碎后暂时整体固定，延缓破碎玻璃"不定时"飞溅坠落而造成生命财产损失，为及时采取安全隔离措施或及时更换提供了时间，因而贴膜可增强玻璃的安全性。建筑玻璃幕墙与门窗采用贴膜中空玻璃，均要满足抗风压、防热炸裂、活荷载及冲击安全性、玻璃的防坠落防飞溅性能等要求，对材料的性能、设计及安装都有严格的要求，除应执行本规程外，尚应符合现行国家和行业以及贵州省有关标准和规范的要求。

2 术 语

2.0.1 贴膜中空玻璃

用于建筑门窗及幕墙的贴膜中空玻璃，能有效防止玻璃破碎后飞散坠落，同时能改变玻璃的热工性能、光学性能、力学性能。

2.0.2 玻璃中部强度

荷载垂直玻璃板面，玻璃中部的断裂强度。例如在风荷载等均布荷载作用下，四边支撑矩形玻璃板最大弯曲应力位于中部，玻璃所表现出的强度称为中部强度，是玻璃强度最大位置。

2.0.3 玻璃边缘强度

荷载垂直玻璃板面，玻璃边缘的断裂强度。例如在风荷载等均布荷载作用下，三边支撑或两对边支撑矩形玻璃板自由边位置，或单边支撑矩形玻璃支撑边位置，玻璃所表现出的强度称为边缘强度。

2.0.4 玻璃端面强度

端面是指玻璃切割后的横断面，荷载垂直玻璃端面，玻璃端面的抗拉强度。例如在风荷载等均布荷载作用下，全玻璃幕墙的玻璃肋两边位置；温差应力作用下，玻璃板边部位置，玻璃所表现出的强度称为端面强度。

2.0.6 贴膜中空玻璃自由边

点支式贴膜中空玻璃、两边支承的四边形贴膜中空玻璃、三边支承的四边形贴膜中空玻璃等均存在自由边。

3 基 本 规 定

3.1 荷载及其效应

3.1.1、3.1.2 当贴膜中空玻璃用于建筑物立面时，作用在玻璃上的荷载主要是风荷载。应按现行国家标准《建筑结构荷载规范》GB 50009 的有关规定计算，其组合需按基本组合进行。玻璃强度设计值 R，需要按不同玻璃种类、荷载类型和荷载作用部位进行选择。

3.1.3 计算挠度时，荷载按标准组合。不同使用条件下，组合成贴膜中空玻璃的单片玻璃板挠度限值是不一样的，在风荷载作用下，玻璃板挠度限值一般取玻璃板跨度的 1/60。

3.2 设 计 准 则

3.2.1 根据荷载方向和最大应力位置将组合成贴膜中空玻璃的单片玻璃强度分为中部强度、边缘强度和端面强度。这三种强度数值不同，因此应用时应注意正确选用。同时玻璃在长期荷载和短期荷载作用下强度值也不同，玻璃种类和厚度都影响玻璃强度值，使用时应注意区分。

3.2.2 用于建筑外围护结构上的贴膜中空玻璃与建筑节能性能密切相关，其热工性能非常重要。因此，用于建筑外围护结构上的建筑幕墙和门窗用贴膜中空玻璃应进行传热系数和遮阳系数（太阳得热系数）的计算。

3.2.3 设计使用贴膜中空玻璃时，宜进行贴膜中空玻璃结露点计算，设计使用正确可以实现不结露。

4 材　料

4.1 玻　璃

4.1.1 贴膜中空玻璃的功能膜必须粘贴在平板玻璃、超白浮法玻璃、钢化玻璃、半钢化玻璃等表面平整的玻璃上，粘贴后的贴膜玻璃具有光学和热工性能以及玻璃破碎后防飞溅脱落功能。

4.1.2 贴膜中空玻璃所采用玻璃厚度（单片厚度）不建议超过 12mm，是因为在现有的技术条件下，当玻璃厚度超过 12mm，玻璃破碎后防飞溅坠落性能可能会有所降低。

4.1.3 贴膜中空玻璃所选用的玻璃都有相应的国家、行业或地方标准，本规程所采用的组合成贴膜中空玻璃的单片玻璃无论贴膜与否，其质量和性能需符合现行相关标准的规定。

4.1.4 为抑制钢化玻璃自爆，特制定了现行行业标准《建筑门窗幕墙用钢化玻璃》JG/T 455。

在实际应用中，在规定使用安全玻璃的地方，用于建筑幕墙和门窗的贴膜中空玻璃采用的玻璃应为安全玻璃，且室外侧的玻璃内面（贴膜中空玻璃第二面）必须贴膜，以防止其自爆后飞溅坠落。

4.1.5 贴膜中空玻璃采用的玻璃的强度与玻璃种类、玻璃厚度、受荷载部位、荷载类型等因素有关，本条文采用相应的调整系数计算。

玻璃大部分是平面外受弯控制其承载力设计，受剪起控制作用的机会很少，因此目前没有再区分玻璃的抗拉、抗剪强度。

4.1.6 玻璃强度与玻璃种类有关，目前世界各国均采用玻璃种类调整系数的处理方式，本条采用的调整系数与《建筑玻璃应用技术规程》JGJ 113-2015 一致。

4.1.7 玻璃是脆性材料，在其表面存在大量微裂纹，玻璃强度与微裂纹尺寸、形状和密度有关，通常玻璃边部裂纹尺寸大、密度大，所以玻璃边缘强度低。在澳大利亚国家标准 AS1288 中规定，玻璃边缘强度取中部强度的 80%，在《玻璃幕墙工程技术规范》JGJ 102-2003 中取玻璃端面强度为中部的 70%。组合成贴膜中空玻璃的单片玻璃，参考这两项规定取值。

4.1.8 作用在玻璃上的荷载分短期荷载和长期荷载，风荷载和地震作用为短期荷载，而重力荷载和水荷载等为长期荷载。短期荷载对玻璃强度没有影响，而长期荷载将使玻璃强度下降，原因是长期荷载将加速玻璃表面微裂纹扩展，因而其强度下降。钢化玻璃表面存在压应力层，将起到抑制表面微裂纹扩张的作用，因此在长期荷载作用下，平板玻璃和钢化玻璃、半钢化玻璃强度下降值是不同的。通常钢化玻璃和半钢化玻璃在长期荷载作用下，其强度下降到原值的 50% 左右，而平板玻璃将下降至原值的 30% 左右，本条参考澳大利亚标准 AS1288 制定（建筑幕墙和门窗用贴膜中空玻璃的应用大多是短期荷载）。

4.1.9 实验结果表明，玻璃越厚，其强度越低，本条参考《玻璃幕墙工程技术规程》JGJ 102-2003 制定。

4.1.10 在短期荷载和地震作用下，常用玻璃强度设计值表 4.1.10 是按公式（4.1.5）计算得来的，便于使用。

4.1.11 在长期荷载作用下，常用玻璃的强度设计值表 4.1.11 是按公式（4.1.5）计算得来的，便于使用。

4.1.12 构成贴膜中空玻璃的玻璃板通常称其为原片，贴膜中空玻璃的强度设计值按原片玻璃强度设计值取值。

4.1.13 玻璃的导热系数是 1W/(m·K)，空气的导热系数是 0.024W/(m·K)，因此贴膜中空玻璃的保温性能优异。

1 目前玻璃板面尺寸都较大，所以贴膜中空玻璃所采用的单片玻璃板不能太薄，4mm 厚度应是玻璃板的极限量。贴膜中空玻璃的保温性能与空气间隔层厚度密切相关，不能太薄。

2 空气的导热系数是 0.024W/(m·K)，氩气的导热系数是 0.016W/(m·K)，因此充氩气的贴膜中空玻璃传热系数更低。

由于硅酮类密封胶阻隔氩气渗透性能不好，如采用硅酮类密封胶作为贴膜中空玻璃第二层密封胶氩气容易逃逸，导致贴膜中空玻璃保温性能下降。而聚硫类密封胶阻隔氩气逃逸性能好，因此充氩气的贴膜中空玻璃第二层密封胶可采用聚硫类密封胶。

3 采用暖边的贴膜中空玻璃，可以降低贴膜中空玻璃约 0.15W/(m² · ℃) 以上的传热系数，因此，当采用原有传统铝条贴膜中空玻璃无法满足整窗的节能指标时，采用暖边贴膜中空玻璃是性价比较好的解决方案。

4 当贴膜中空玻璃制作地与其使用地有较大海拔高差时，贴膜中空玻璃空腔内的气压与其外部气压会有较大不同，贴膜中空玻璃腔体由于压力作用将向外膨胀或内凹，不仅给贴膜中空玻璃的两片玻璃带来应力，同时还影响贴膜中空玻璃反射影像。因此，海拔高度不同的异地加工制作的贴膜中空玻璃，在运输、安装前应采用呼吸管，平衡贴膜中空玻璃腔体内部与环境之间的大气压力，到压力平衡后，再将呼吸管封闭密封处理。

5 贴膜中空玻璃内部是密闭腔体，气体在温度作用下，将产生膨胀和收缩现象，导致贴膜中空玻璃腔体两侧的玻璃随温度变化而向内向外变形，俗称泵效应。为减少泵效应，毛细管技术是使贴膜中空玻璃表面相对平整的办法之一。

4.2 功　能　膜

4.2.1 建筑玻璃用功能膜是由耐磨涂层、经工艺处理的聚酯基膜和保护膜通过胶粘剂组合在一起的多层聚酯膜复合薄膜材料，应符合现行国家标准《建筑玻璃用功能膜》GB/T 29061 的有关规定。除了对 4.2.2、4.2.3、4.2.4 条款单独作了规定外，本规程不再对功能膜材料的其他性能作重复要求。

4.2.2 选用厚度应不低于 0.05mm 的具有防飞溅性能的功能膜，目的是为了保证玻璃具有破碎后防飞溅坠落功能，延缓贴膜玻璃破碎后"不定时"飞溅脱落而造成生命财产损失。

4.2.3 玻璃贴膜后组合成为贴膜中空玻璃，因此其落球冲击性能试验、防飞溅性能试验，只能冲击到玻璃面（功能膜粘贴在玻璃背面）。

4.2.4 玻璃贴膜后组合成为贴膜中空玻璃，因此其耐老化性能试验，光源只能照射到玻璃面（功能膜粘贴在玻璃背面）。

4.3 安装材料

4.3.1 常用贴膜中空玻璃安装材料大都有相应的国家或行业标准，故应按现行的标准规定执行。

4.3.3 支承块起支承贴膜中空玻璃的作用；定位块用于贴膜中空玻璃边缘，避免贴膜中空玻璃周边与框直接接触，并使贴膜中空玻璃在门窗框中正确定位；间距片通常与不凝固混合物或硫化型混合物一同使用，防止其受载时移动。所以，支承块、定位块和间距片的性能对贴膜中空玻璃的安装和密封材料的耐久性有一定的影响，故对其性能应有要求。

4.3.4 贴膜中空玻璃二道密封采用硅酮密封胶的，不留玻璃边，使硅酮密封胶粘结在功能膜上的接触面更大，从而增强玻璃、功能膜、硅酮密封胶三者之间的粘结强度。

5 分类及选择

5.1 分　类

5.1.1 5.1.2 5.1.3 5.1.4　按粘贴有功能膜玻璃层之间形成的中空空腔数和粘贴有功能膜的玻璃片数、中空腔内气体类型、按玻璃形状、按所贴膜的功能，注明了贴膜中空玻璃的不同分类。

5.2 选　择

5.2.1　规定了建筑玻璃幕墙和门窗设计文件中贴膜中空玻璃标记命名方法。

5.2.2、5.2.3、5.2.4　预防玻璃破碎后，"不定时"脱落飞溅而造成的生命财产损失。

5.2.5　规定了建筑幕墙和门窗选用的贴膜中空玻璃以及配合的窗框型材，应满足建筑节能设计要求。

5.2.6　规定了用于建筑幕墙和门窗的贴膜中空玻璃的形状和最大尺寸规格。

6 抗风压设计

6.1 风荷载计算

6.1.1 风荷载的分项系数按现行国家标准《建筑结构荷载规范》GB 50009 取值。

6.1.2 关于建筑玻璃最小风荷载标准值各国取值不同，澳大利亚标准 AS 1288 规定为 0.5kPa；英国标准 BS 6262 中规定为 0.6kPa；日本标准 JASS 17 中规定为 1.0kPa。考虑我国具体实情，确定最小风荷载标准值取 1.0kPa。它表明，当建筑玻璃受到小于 1.0kPa 的风荷载标准值作用时，为了安全起见，应按 1.0kPa 进行设计。

6.2 抗风压设计

6.2.1 目前国外建筑玻璃抗风压设计多采用一种半经验公式，如澳大利亚标准和日本标准中均有相应公式，现将它们叙述如下：

日本公式：

$$\omega_k \cdot A = \frac{K}{F}\left(t + \frac{t^2}{4}\right) \tag{1}$$

式中：ω_k——风荷载标准值（N/mm²）；

A——玻璃面积（m²）；

t——玻璃的厚度（mm）；

K——玻璃的品种系数（与抗风压调整系数有关）；

F——安全因子，一般取 2.50，此时对应的失效概率为 1‰。

此公式的具体形式为：

$$\omega_k \cdot A = 0.3\alpha\left(t + \frac{t^2}{4}\right) \tag{2}$$

式中：α——抗风压调整系数。

澳大利亚国家标准 AS 1288-1989 版中的公式：

玻璃厚度 $t \leqslant 6mm$，

$$\omega_k \cdot A = 0.2\alpha \times t^{1.8} \qquad (3)$$

玻璃厚度 $t > 6mm$，

$$\omega_k \cdot A = 0.2\alpha \times t^{1.6} + 1.9\alpha \qquad (4)$$

上述风压公式都满足 $\omega_k \cdot A = f(t)$ 的形式，其中 $f(t)$ 是玻璃厚度 t 的函数，确定风压公式的关键在于 $f(t)$ 形式及其参数系数。

在公式（3）和（4）中，对于任何长宽比的矩形玻璃，都采用同一面积，这里存在着误差，因为在同等面积条件下，不同长宽比的矩形玻璃，其承载力是不同的。对于平板玻璃、半钢化玻璃和钢化玻璃，仅采用抗风压调整系数处理也存在着误差，因为这三种玻璃沿玻璃断面的内应力分布是不同的，因此其承载力也不同。由于玻璃在风荷载作用下的力学性能研究试验量巨大，耗时长，因此各国在当时基本上都是采用类似的计算方法，基本能满足设计要求。

澳大利亚国家标准 AS 1288-2006 版中采用了新的方法，考虑了矩形玻璃长宽比的影响，将原来计算玻璃板面积，改为计算不同长宽比条件下的最大跨度。考虑了不同种类玻璃的各自特性，对贴膜中空玻璃所采用的平板玻璃、半钢化玻璃和钢化玻璃分别采用不同的计算参数。贴膜中空玻璃由原来两片玻璃同时考虑，改为按荷载分配系数各自独立计算。同时增加了玻璃板挠度限值计算方法，其精确度比 1989 版的更高、更合理、更全面，因此，在《贴膜中空玻璃应用技术规程》中参考采用。

6.2.3 贴膜中空玻璃所采用的建筑玻璃在风荷载作用下的变形非常大，已远远超出弹性力学范围，应考虑几何非线性。风荷载的短期荷载，所以玻璃强度值应按短期荷载强度值采用。工程上采用非矩形贴膜中空玻璃的情况很多，如菱形、三角形，不规则多边形等等，对于任何形状建筑玻璃都可采用考虑几何非线性的有限元法进行计算。

矩形贴膜中空玻璃在建筑幕墙和建筑门窗是工程上用量最大的，由于形状规则，除可采用有限元方法外，也可采用本规程给出的设计计算方法。对于任意尺寸的矩形玻璃，其边长分别为 b 和 a，其长宽比为 b/a，根据选择贴膜的品种，如平板玻璃、半钢化玻璃和钢化玻璃，试选其厚度，采用附录 C 中相应的 k_1、k_2、k_3 和 k_4 参数，可计算出最大许用跨度 L，如果所设计玻璃的跨度小于最大许用跨度 L，则计算通过，满足玻璃承载力极限设计条件。如果所设计玻璃的跨度大于最大许用跨度 L，则需增加玻璃厚度，直至所设计玻璃的跨度小于最大许用跨度 L。

三边支撑比两对边支撑有利，因此对于三边支撑的情况可采用两对边支撑的情况设计和取值。

平板玻璃属于退火玻璃，其沿玻璃厚度断面方向内应力相似，k_1、k_2、k_3 和 k_4 参数相同，可采用风荷载设计值除以抗风压调整系数的方法，但风荷载设计值增加了。

6.2.4 对于建筑玻璃正常使用极限状态的设计，目前世界各国大多采用最大挠度限值为跨度的 $1/60$，根据分配到每片玻璃上的风荷载，贴膜中空玻璃应用技术规程也采用这一限值。对于任何形状的贴膜中空玻璃，都可考虑采用几何非线性的有限元法计算。

矩形贴膜中空玻璃是工程上用量最大的，由于形状规则，除可采用有限元方法外，也可采用本规程给出的设计计算方法。玻璃正常使用极限状态设计时的挠度限值与玻璃种类无关，单位厚度玻璃的挠度限值与厚度无关，因此 k_1、k_2、k_3 和 k_4 参数对于所有矩形贴膜中空玻璃都是一样的。

6.2.5 贴膜中空玻璃两片玻璃之间的传力是靠间隙层中的气体，对于风荷载这种瞬时荷载，气体也会在一定程度上被压缩，因此外片玻璃风荷载分配系数适当加大是合理的。

6.2.6 目前国内外市场建筑玻璃功能膜的通用宽幅最大为 1524mm，因此，设计时应考虑玻璃板面的大小尺寸。超过 1524mm 宽幅的玻璃，可采取拼接的方式。

7 防热炸裂设计与措施

7.1 防热炸裂设计

7.1.1 只有明框安装的贴膜中空玻璃存在阳光辐照下玻璃中部与边部的温差，才需要进行玻璃热应力的计算与设计。玻璃热炸裂是由于玻璃的热应力引起，玻璃热应力最大值位于玻璃板的边部，且热应力属平面内应力，因此玻璃强度设计值取端面强度设计值，由于半钢化玻璃和钢化玻璃抗热冲击能力强，一般情况下没有发生热炸裂的可能，因此不必进行热应力计算。

7.1.3 一般说来，玻璃的内部热应力的大小，不仅与玻璃的吸热系数、弹性模量、线膨胀系数有关，而且还与玻璃的安装情况及使用情况有关，本条的公式就是综合考虑各种条件而定出的实用公式。

玻璃表面的阴影使玻璃板温度分布发生变化，与无阴影的玻璃相比，热应力增加，两者之间的比值用阴影系数 μ_1 表示。

在相同的日照量的情况下，玻璃内侧装窗帘或百叶与未装的场合相比，玻璃的热应力增加，其比值用窗帘系数 μ_2 表示。

在相同的温度下，不同板面玻璃的热应力与 $1m^2$ 面积的玻璃的热应力的比值用面积系数 μ_4 表示。

边缘温度系数由下式定义：

$$\mu_4 = \frac{T_c - T_e}{T_c - T_s} \tag{5}$$

式中：μ_4——边缘温度系数；

$\quad T_c$——玻璃中部温度（℃）；

$\quad T_e$——玻璃边缘温度（℃）；

$\quad T_s$——窗框温度（℃）。

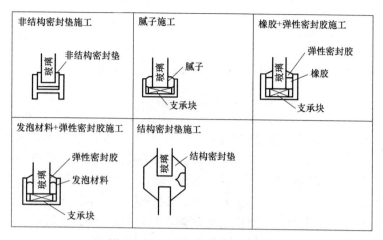

图 1 表 7.1.3-4 所对应的参考图

7.2 防热炸裂措施

7.2.1 玻璃在裁切、运输、搬运过程中都容易在边部造成裂纹，这将极大地影响玻璃的端面设计强度，所以在安装时应注意玻璃周边无伤痕。

7.2.2 玻璃的使用和维护情况也直接影响到玻璃内部的热应力，本条是为了防止玻璃的温度升高得太高或局部温差过大。窗帘等遮蔽物如果紧挨在玻璃上，将影响玻璃热量的散发，从而使玻璃温度升高，热应力加大。

8 防人体冲击规定

8.1 一般规定

8.1.1 钢化玻璃是符合现行国家标准规定的安全玻璃。玻璃是典型的脆性材料，作用在玻璃上的外力超过允许限度，玻璃就会破碎。因此在易于受到人体冲击的部位，对贴膜中空玻璃要求会更严格。

钢化过的贴膜中空玻璃破碎后，其破碎的玻璃小颗粒仍然粘贴在功能膜上，一般不会对人体带来切割伤害，使玻璃对人体的伤害降低到最小。

8.1.2 未经处理的玻璃边缘非常锋利，一般情况下，玻璃边缘均被包裹在框架槽中，人体接触不到。而暴露边是人体容易接触和划碰的，锋利的边缘会造成割伤，因此，暴露边应进行如倒角、磨边等边部加工，以消除人体割伤的危险。

8.2 玻璃的选择

8.2.1 活动门、固定门和落地窗是易受到人体冲击的主要危险区域，因此对有框架支承时，采用贴膜中空玻璃必须限制其使用板面。

8.3 保护措施

8.3.1 保护设施能够使人警觉有贴膜中空玻璃存在，又能阻挡人体对贴膜中空玻璃的冲击，同时还起到了装饰作用。

8.3.2 防止由于人体冲击贴膜中空玻璃而造成的伤害，最根本最有效的方法就是避免人们对玻璃的冲击。在贴膜中空玻璃上做出醒目的标志以表明它的存在，或者使人不易靠近贴膜中空玻璃，如护栏等，就可以从一定程度上达到这种目的。

9 安 装

9.1 一般规定

9.1.1、9.1.2 玻璃（包括贴膜后的玻璃）是脆性材料，所以不能与边框直接接触，贴膜中空玻璃安装尺寸的要求是保证贴膜中空玻璃在荷载作用下，在框架内部不与边框直接接触，并保证贴膜中空玻璃能够适当变形。贴膜中空玻璃公称厚度越大，最小安装尺寸越大，这是因为贴膜中空玻璃公称厚度越大，其板面可能越大，因此其变形量就越大，贴膜中空玻璃在框架内需要的变形环境就越大。其中前部余隙和后部余隙 a 是为了保证贴膜中空玻璃在水平荷载作用下不与边框直接接触，嵌入深度 b 为了保证贴膜中空玻璃在水平荷载作用下不脱框，边缘间隙 c 为了保证贴膜中空玻璃在环境温差作用下不与边框接触，同时也保证贴膜中空玻璃在一定量建筑主体结构变形条件下不被挤碎。

9.1.3、9.1.4 凹槽的宽度和深度与建筑幕墙和建筑门窗用贴膜中空玻璃装配尺寸密切相关，这里给出了它们之间的关系。

9.2 安装材料

9.2.1 玻璃安装材料如果与相关材料彼此不相容，可能造成材料的变性，使安装材料失效。

9.2.2 支承块不承受风荷载，只承受玻璃的重量，支承块的最小宽度应等于玻璃厚度加上 $2a$（a 为玻璃前后余隙之和），保证玻璃下部支承完整。为了取得良好支承情况，支承块的长度可根据玻璃板面的大小和厚度适当增加长度，增加长度可减小玻璃边部支承点的边部应力，增加支承块的承载能力。

9.2.3 定位块用于玻璃的边缘与框架之间，防止玻璃在框架内的滑动，定位块一般不承受其他外力的荷载，所以其长度要求小于支承块，但其厚度和宽度要求均与支承块相同。

9.2.4 支承块不一定只位于玻璃的一条边缘，应根据具体情况，确定使用支承块的位置（图9.2.4）。例如，水平旋转窗，可开启角度在90°~180°之间的情况，玻璃的上、下两边均应布置支承块。

9.2.5 弹性止动片的使用是为了保证玻璃在水平荷载作用下玻璃不与边框直接接触。

9.2.7、9.2.8 使用密封胶安装时应使用弹性止动片，使用胶条安装时可不使用弹性止动片，因为胶条已起到弹性止动片的作用。

9.3 玻璃抗侧移的安装

9.3.1 玻璃的抗剪切变形性能较差，在玻璃破坏之前，其本身的平面内变形是非常小的。由于楼层之间的变形而使框架变形时，框架和玻璃在间隙内的活动可以"吸收"变形，如果一点变形都没有，即使楼层变形很小，也会使玻璃破坏，如图2所示。

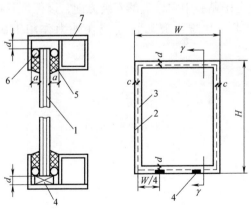

图2

1—玻璃；2—框架槽底；3—玻璃边缘；4—支承块；

5—弹性密封材料；6—衬垫材料；7—框架

9.3.2 图3表明了本规程中公式（9.3.2）的意义。当楼层产生层间位移时，框架变形为平行四边形，当平行四边形对角线中短的一方长度和玻璃的对角线长度相等时，玻璃会被框架挤压，可能造成玻璃破裂。因此，边缘间隙越大，框架的允许变形量就越大，在抗震上就越有效。

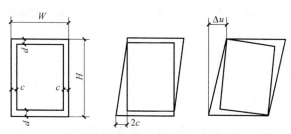

图3　窗框变形与玻璃的关系

9.3.3 地震引起的楼层变形所造成的框架变形，会将外力传递到玻璃上，所以应选用弹性密封材料以吸收这种外力。

9.4　安装方向

本条规定了贴膜中空玻璃的安装方向，以保证其符合建筑节能设计的要求，并防止玻璃自爆或在外力作用下破碎后飞溅坠落。

10 验 收

10.2 主控项目

10.2.1 玻璃贴膜的质量保证书，由负责玻璃贴膜的生产企业或监制单位出具。所提供的检测报告的项目的检测方法按下列标准执行：

1 光学性能检测：《建筑玻璃可见光透射比、太阳光直接透射比、太阳能总透射比、紫外线透射比及有关窗玻璃参数的测定》GB/T 2680；

2 耐老化性能检测：《建筑玻璃用功能膜》GB/T 29061；

3 落球冲击性能（玻璃面）检测：《建筑玻璃用功能膜》GB/T 29061。

10.2.2 贴膜中空玻璃型式检验报告按《中空玻璃》GB/T 11944 标准检测。下列检测项目应符合标准要求：

1 贴膜中空玻璃的型式检验包括露点、耐辐照、水气密封耐久性能；

2 如充惰性气体，还须增加检测初始气体含量和气体密封耐久性能。

10.3 一般项目

10.3.1 规定了贴膜中空玻璃外观质量的验收要求和检查方法。

1 5 1 1 2 3 4 3 7 9

统一书号：15112·34379

定　价：　**35.00**　元